ジャスト・プロポーション
新しい農業経営論の構築に向けて

長尾 正克 著

筑波書房

はじめに

　私は大学の農業経済学科を1964年に卒業して、直ちに北海道立農業試験場の経営部に研究員として採用された。以来、大学に転職した年数も含めると、47年間にわたり農業経営研究に携わってきた。

　農業試験場に勤務していた時代は、農業経営研究の専門家として、国から与えられたテーマである近代的な企業的経営を如何に育成すべきかについて研究し、規模拡大を推進するための提言を行ってきた。つまり、現状の農家の経営規模を零細規模としてまず否定し、いかに機械化して規模拡大をすべきかについて考えてきたのである。

　しかし、研究のため現地の農家調査を積み重ねてきた頃に、私の中である種の違和感が少しずつ芽生えていった。それは、推奨すべき大規模経営モデルの策定に際し、技術係数や利益係数を把握するための調査に訪れた大規模酪農家で遭遇した種々の体験であった。

　酪農家に調査に行った時、牧草の収穫時期と朝晩の搾乳時間を避けての訪問にもかかわらず、天気が良ければ調査に付き合ってもらえず、夜9時過ぎからの調査になったことも幾度かあった。経営主に会えない時には、せめて奥さんにインタビューしようとしても、忙しくて一日中牛舎に籠って仕事しているということで、断られたこともあった。大規模酪農経営は、働く婦人も大変な重労働を強いられていたのである。そして、調査酪農家の了解を得てクミカン資料を農協から頂き、経営分析をしたところ、大規模酪農経営は所得の絶対額ではやや多いにもかかわらず所得率は低い農家が多かった。

　そんな時、酪農家の三友盛行氏に出会い、衝撃を受けた。彼の小規模酪農経営は、労働のゆとりを保ちつつ、農業所得面においても大規模経営と遜色がなかったからである。そこで私は、規模拡大をすれば生乳生産コストは低減するということが、神話であることを悟ったのである。それまで小規模家族経営をやがては消えていく過渡的存在であるとし、近代的大規模経営を本

来的担い手と認識していた私は大変なショックを受けることとなった。研究者の基本的心構えである「存在することは合理的である」としたヘーゲルの言葉を忘れていたのである。

　小規模酪農経営ではあるが三友盛行氏のマイペース酪農論とその実践は、北海道酪農ばかりでなく日本酪農を救う農業経営理論であると確信し、既存農業経営学と対比しながらマイペース酪農論を学問的に体系化しようと試みたのが本書である。

目　次

はじめに ……………………………………………………………………… iii

序　章　北海道酪農からみた農業経営問題 …………………………… 1
第1節　本書の課題と構成 ………………………………………… 1
1．問題意識と課題 ……………………………………………… 1
2．本書の構成 …………………………………………………… 3
第2節　北海道酪農の現状と農業経営問題の抽出 …………………… 4
1．北海道酪農の動向 …………………………………………… 4
2．生乳生産における飼料費の高騰化傾向 …………………… 8
3．北海道における酪農生産構造の変動 ……………………… 10
4．動向分析結果と残された問題 ……………………………… 13

第1章　既存農業経営学の理論的検討 ………………………………… 17
第1節　農業経営研究の目的とその立場 ………………………………… 17
1．私の農業経営研究の経過 …………………………………… 17
2．農業経営研究の立場 ………………………………………… 20
第2節　農業経営研究における方法論論争の系譜 …………………… 21
1．生産構造論的農業経営学の接近方法 ……………………… 21
2．小農経営論的接近方法 ……………………………………… 29
3．大農論批判の系譜 …………………………………………… 37
第3節　生産構造論的農業経営学批判 ………………………………… 44
第4節　生態系に配慮した生態的農業経営論の必要性 ……………… 47
1．農業経営の担い手は生業的家族経営 ……………………… 47
2．生態系に配慮した農業経営のジャスト・プロポーション ……… 51

第2章　新しい家族農業経営論の登場 ………………………………… 57
第1節　三友盛行氏の酪農経営 ………………………………………… 57

1．三友盛行氏の入植経過 …………………………………… *57*
　　　2．三友農場の経営構造 ……………………………………… *61*
　　　3．三友農場の特徴 …………………………………………… *73*
　　第2節　三友農場における酪農適塾の創設 ……………………… *78*
　　　1．酪農適塾創設の契機 ……………………………………… *78*
　　　2．酪農適塾での経営改革手順 ……………………………… *82*
　　第3節　三友盛行氏が提唱する農場の継承方法 ………………… *86*
　　第4節　マイペース酪農の経営理念 ……………………………… *89*

第3章　マイペース酪農運動の経過 ………………………………… *93*
　　第1節　マイペース酪農交流会の設立とその内容 ……………… *93*
　　　1．マイペース酪農交流会の立ち上げ ……………………… *93*
　　　2．マイペース酪農交流会の内容 …………………………… *95*
　　第2節　マイペース酪農交流会とメンバーの経営変化 ………… *101*
　　　1．メンバー酪農家の経営改革 ……………………………… *101*
　　　2．マイペース酪農の浸透過程 ……………………………… *104*
　　　3．マイペース酪農の経済的効果 …………………………… *108*
　　第3節　マイペース酪農の課題 …………………………………… *112*
　　　1．マイペース酪農の定着・持続条件 ……………………… *112*
　　　2．マイペース酪農を普及する上での問題点 ……………… *114*

第4章　慣行酪農と低投入酪農の経営比較 ………………………… *119*
　　第1節　課題と方法 ………………………………………………… *119*
　　　1．課題 ………………………………………………………… *119*
　　　2．調査牧場の選定と概要 …………………………………… *120*
　　第2節　調査牧場の技術構造 ……………………………………… *123*
　　　1．調査牧場の土地利用状況 ………………………………… *123*
　　　2．調査牧場の自給飼料と飼料自給率 ……………………… *124*
　　　3．調査牧場の乳牛の状況 …………………………………… *128*
　　　4．調査牧場の労働時間 ……………………………………… *142*
　　　5．施肥および糞尿処理の状況 ……………………………… *143*
　　第3節　経営収支状況 ……………………………………………… *144*

第4節　小括 …………………………………………………… *146*
終　章　農業の基本的担い手像と小規模農業の存在意義 …………… *149*
　　第1節　改めて問う農業の基本的担い手とは ………………… *149*
　　　1．家族経営の二側面 ………………………………………… *149*
　　　2．農業経営目的の二元的把握 ……………………………… *151*
　　　3．マイペース酪農における生活問題 ……………………… *154*
　　第2節　農業経営のジャスト・プロポーション ……………… *155*
　　　1．マイペース酪農のジャスト・プロポーション ………… *155*
　　　2．酪農経営以外のジャスト・プロポーション …………… *157*
　　第3節　世界的にみた小規模家族経営の評価 ………………… *159*
　　第4節　生態的農業経営論の今日的意義 ……………………… *163*

おわりに ………………………………………………………………… *165*
索　引 …………………………………………………………………… *167*
著者紹介 ………………………………………………………………… *174*

序章

北海道酪農からみた農業経営問題

第1節　本書の課題と構成

1．問題意識と課題

　私が農業経営研究に取り組んで、はや半世紀以上が経過している。この間、農業経営の担い手である農家に役立つ研究ができたかどうかを自問してみると、はなはだ心もとない。そもそも農業試験場における研究生活の大半は、農政が推進する農業経営構造の近代化政策を成功させるための方法論開発に没頭していたからである。方法論の開発といっても、新しい機械・施設を導入した大規模経営モデルを策定して、従来までの零細経営に比べていかに経済効率や生産性が高まるかを提示することであり、家族経営である農家の立場で農業経営研究をしてこなかったのである。農業試験場で家族経営の研究を全くやっていなかったわけではなく、農家生活研究を担当していた研究員も存在していたが、予算の縮小で生活研究は途絶えてしまった。

　農業改良普及センターには、もともと農業改良普及員のほかに生活改良普及員が存在したが、農林水産省の制度改革で生活改良普及員制度は廃止されてしまった。その時、長年生活改良普及に携わってきた女性の専門技術員さんに「道立中央農業試験場の経営部がだらしないから、生活改良普及員制度が廃止されたのだ」と私はこっぴどく叱られた。その内容は、「農家は奥さんによって支えられているのだから、生活問題を軽視するなら農家に嫁に行く人はいなくなり、担い手不足は深刻になるだろう」とのことだった。現状

は、まさしくその通りになってしまった。

　肝心の農業経営学は、ひたすら経済効率と生産性の向上を実現するためと称して新技術の導入による規模拡大を説き、その帰結として農政によるゴールなき規模拡大誘導策を理論的にバックアップしてきた。かくして農政は、多額の補助金をつぎ込みながらも多くの農家の離農を招き、過疎化による農村社会の衰退を招いた。

　しかしながら、規模拡大を行い農業経営構造が近代化し、家族農業経営が安定化するのであれば、農政の規模拡大路線もそれなりに評価されよう。しかし現実は、経済効率を優先するあまり農業の原点である土地利用型農業を忘れ、加工型農業に転換しようとする動きが顕在化するに至り、農業、とりわけ北海道酪農に対する危機感が募っていった。

　それでも貿易の自由化に対応するためには、経営規模拡大路線を踏襲した上で、いかに経済効率や生産性を高めるかという研究にどっぷりつかっていた私は、多くの農家調査を通じて大規模経営においては生産に関する規模の経済性が発現していないケースが多いことに気付くこととなる。規模拡大のコスト軽減効果に対して疑問が深まっていった。

　その疑問を一挙に氷解できる契機を得たのが、北海道中標津町でいわゆる小規模な酪農を営んでいる三友盛行夫妻との出会いであった。彼等は酪農経営の基本原則としてジャスト・プロポーション（適正比例）を採用し、生活と生産が一体化した生業的家族経営全体としてバランスの取れたマイペース酪農を確立していたのである。

　このマイペース酪農こそ、土地利用型酪農の到達点であり、北海道酪農が加工型畜産から脱却する道筋を示すことができると私は確信し、グローバル化に対応する方策であると考えた。

　本書では、実際に農業経営を実践している三友氏が農業の現場で主体的に編み出したマイペース酪農という農業経営論を、私が既存の農業経営学の再検討を通じて、理論的に整理したものである。

2．本書の構成

　まず序章では、本書の直接的な対象領域である北海道酪農に焦点を当て、その最近の動向と問題点を検討するなかで、本書の問題意識の背景を示している。酪農経営は土地利用と家畜飼養という物質循環を経営内に含む典型的な複合経営であり、そのバランスがいったん崩れると生産力的にも経営経済的にも大きな変化が現れる。ここでは、こうした酪農経営に典型的に現れている経営問題を抽出し、経営改善のための提起がまさに緊急を要するものであることを提示している。

　第1章は本来序章に相当するが、農業経営学の方法という大きなテーマを扱ったため、独立した1章としている。私がこれまで採用してきた従来までの農業経営学、すなわち生産構造論的農業経営学を自らの農業経営研究体験を踏まえて批判的に検討している。そして、農家自身が主体的に意思決定できる農業経営論の必要性を提示するとともに、学説史的には無視されてきた主体均衡論的農業経営論に注目した。

　第2章では、農家自身が主体的に意思決定を行っている三友農場に注目し、行政の大規模化誘導策によるユアペース酪農から、自分の意志によるマイペース酪農を展開してきた経過とその経営合理性について紹介している。ただし、マイペース酪農というのは、農家が自由勝手に行う酪農経営という意味ではない。ユアペース酪農が「経済的合理性」を貫く酪農経営にあるのに対し、マイペース酪農は、「自然に順応する生態的合理性」を貫く酪農経営であることを明らかにしている。

　第3章では、マイペース酪農運動の浸透過程を知るため、三友農場とともにマイペース酪農を運動として推進してきた同志酪農家の経営状況と運動推進の経緯について紹介している。そして、マイペース酪農運動の同志の多くが営農している草地酪農地帯の農協組合員とマイペース酪農経営の経営成果比較を行っている。これにより、マイペース酪農は出荷乳量規模が小さく、乳牛頭数規模も小さいにもかかわらず、慣行的な酪農経営よりも高い所得を

得ていることを明らかにし、マイペース酪農が経済合理的にも成り立つ根拠を示している。さらに、マイペース酪農の浸透過程を検討し、マイペース酪農運動の普及条件および残された課題について考察している。

第4章では、全道で一般にみられる周年舎飼いタイプで、高泌乳・大規模家族経営の慣行酪農経営とマイペース酪農に代表される低投入持続型酪農経営との比較分析を行っている。その結果、低投入持続型酪農経営が所得水準において遜色なく、所得率や省力性において優れていることを確認している。

終章では、マイペース酪農に代表される小規模生業的家族経営が、市場経済に対応することを主目的とした企業的大規模経営よりも、自然環境や地域社会の保全という点ばかりでなく、経済効率でも優れていることを改めて強調している。そして、従来までの生産構造論的農業経営学に代わる「生態的（エコロジカル）な接近による農業経営論」を提唱している。

第2節　北海道酪農の現状と農業経営問題の抽出

1．北海道酪農の動向

2005年から2016年における北海道の生乳生産は、全国が11年間で11ポイント低下しているのに対し、ほぼ現状維持のまま推移している（**図序-1**）。このことは、北海道に限って言えば安定的とも言えよう。しかし、府県の生産低下によって北海道で生産された加工用原料乳が飲用乳に仕向けられた結果、バターの供給が不足し、緊急輸入という事態を引き起す一要因となっている。

乳牛頭数の動向をみると、全国と同様に北海道も飼養頭数の減少が見られるが、減少度合いは全国の方が10ポイント高く（**図序-2**）、府県での減少傾向が大きいことを裏付けている。餌となる配合飼料の高騰と糞尿排出による環境規制の影響が、府県において大きく発現した結果、酪農経営の廃業につながって乳牛飼養頭数も減少し、生乳生産不足を招いたものと推測される。乳価と配合飼料価格の動向については、後に改めて検討する。

北海道の農業産出額に注目すると、全体的には低迷傾向にあるが、2008年

序章　北海道酪農からみた農業経営問題

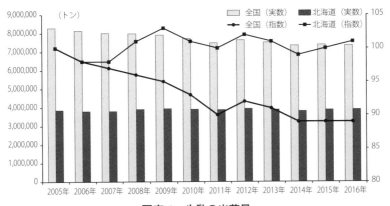

図序-1　生乳の出荷量

資料：農林水産省「畜産統計」

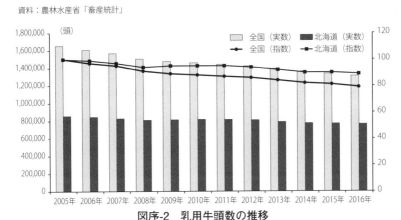

図序-2　乳用牛頭数の推移

資料：農林水産省「畜産統計」

までは耕種部門が曲がりなりにも過半数を占めていた（**表序-1**）。しかし、2009年頃から畜産部門が逆転して過半数を占めるようになり、耕種部門に対する産出額の差を拡大している。

その原因は、政府の市場開放政策により耕種部門が衰退傾向を示しているのに対し、畜産部門、とりわけ酪農部門が2009年以降は急速に伸長しているからである。さらに、生乳産出額の伸びも大きくなっている。生乳生産量は**図序-1**で見るように伸び悩んでいることから、政策として乳価を高めに維

表序-1　北海道における農業産出額の推移

(単位：億円)

区分	年次	農業産出額合計	うち耕種計	うち畜産計	うち乳用牛	うち生乳
実数	2005年	10,663	5,642	5,018	3,465	2,791
	2006年	10,527	5,607	4,918	3,256	2,683
	2007年	9,809	4,823	4,986	3,325	2,732
	2008年	10,251	5,194	5,057	3,502	2,947
	2009年	10,111	4,882	5,229	3,725	3,183
	2010年	9,946	4,806	5,139	3,634	3,041
	2011年	10,137	4,914	5,223	3,638	3,068
	2012年	10,536	5,119	5,417	3,736	3,220
	2013年	10,705	5,090	5,616	3,777	3,224
	2014年	11,110	5,078	6,032	3,949	3,318
指数	2005年	100	100	100	100	100
	2006年	99	99	98	94	96
	2007年	92	85	99	96	98
	2008年	96	92	101	101	106
	2009年	95	87	104	108	114
	2010年	93	85	102	105	109
	2011年	95	87	104	105	110
	2012年	99	91	108	108	115
	2013年	100	90	112	109	116
	2014年	104	90	120	114	119

資料：農林水産省「生産農業所得統計」

持したことがその要因として考えられる。

図序-3は北海道におけるプール乳価の推移を示している。これによると、プール乳価は2010年に一時下落を見せたが、それ以降、2017年まで7年間連続で上昇している。配合飼料に強く依存している日本の酪農経営の脆弱さに対して、政策サイドが危機感を抱いて価格支持に取り組んだ結果であろう。

しかし、農政の生乳価格支持政策が実行されてもなお生乳生産が安定化していないのは、どうやら農政の生産構造政策に問題がありそうである。

北海道酪農の担い手の動向をみると、**表序-2**に示したように、牛乳出荷戸数は、1990年を100とすると2017年には45にまで減少している。酪農経営もこの期間は、複合酪農から規模拡大をしながら専業酪農への単純化という急激な変化を遂げている。

序章　北海道酪農からみた農業経営問題

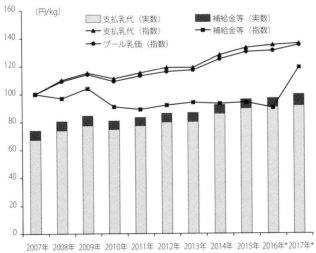

図序-3　北海道におけるプール乳価(円/kg)の推移

資料：ホクレン「指定団体情報」第221号
注：1）*印は直近見込み数値を意味する。
　　2）補給金等には加工原料乳生産者補給金と生乳に係る補助金を加えたもの。
　　3）免税農家においては、消費税相当額も支払い乳代の扱いとなる。

表序-2　北海道における牛乳出荷戸数の推移

(単位：戸)

区分		1990年	1995年	2000年	2005年	2010年	2016年	2017年
出荷戸数	(実数)	12,940	10,853	9,279	8,123	7,149	5,945	5,784
	(指数)	100	84	72	63	55	46	45
出荷停止戸数	①	281	394	320	234	195	200	189
新規出荷戸数	②	20	20	29	20	20	17	28
減少戸数	①-②	261	374	291	214	175	183	161

資料：北海道農政部調べ

　ここ20数年来、酪農家の牛乳出荷停止戸数は継起的に出現しており、特に直近の2016年と2017年の2年間で389戸もの出荷停止農家が見られる。
　新規参入者を意味する新規出荷戸数を差し引いても実質344戸が酪農をリタイアしていることになる。しかも**表序-3**に見られるように、担い手不足をカバーする酪農の新規就農者数は、1970年からの累積戸数でわずか650戸にとどまっている。酪農家の減少をカバーするに至っていないのである。

表序-3　北海道酪農における新規就農者の推移

(単位：人)

区分	1995年	2000年	2005年	2010年	2015年	1970年からの累積戸数
新規就農	141	170	182	190	110	—
新規学卒	122	108	107	91	52	—
Uターン	9	41	61	80	42	—
新規参入	10	21	14	19	16	650
うち農場リース事業	7	14	11	7	9	335

資料：北海道農政部調べ。

2．生乳生産における飼料費の高騰化傾向

　プール乳価が引き上げられた背景には、生乳の生産費が関わっているので、**表序-4**からその推移を見ると、生産費は一貫して増加している。その原因は、飼料費の高騰が主因となっている。そのことが所得を引き下げ、生産の低迷を招いたものと推測できる。そのため政策としてプール乳価が引き上げられ、粗収益の増大を誘導したのである。

　酪農経営の収支均衡を図る上で重要なことは、乳飼比を如何に低く抑えるかにある。日本の酪農が配合飼料の多給によって成立してきた点に注目すると、乳価と配合飼料価格の推移は、酪農経営に大きな影響を与える要因として位置づけられる。

　図序-4によると、1990年から2005年までは曲りなりに、配合飼料価格よりも乳価の上昇が確認できるが、2006年以降は配合飼料価格の上昇率が顕著で、乳価の上昇は認められるものの、それ以上に配合飼料価格が高騰していることが明らかである。

　以上の分析結果から、配合飼料依存型の酪農経営は、次第に窮地に追い詰められている状況が推測され、酪農家のリタイアが多いこともそれを裏付けている。

表序-4　北海道における生乳100kgあたり生産費

(単位：円、時間)

区分	年次	第二次生産費	費用合計	うち労働費	うち飼料費	粗収益	所得	家族労働報酬	うち1日当	投下労働時間
実数	2005年	6,548	6,784	1,707	2,836	743,100	190,005	146,500	12,802	96.40
	2006年	6,596	6,894	1,691	2,840	732,300	167,667	125,795	11,305	95.30
	2007年	6,917	7,264	1,549	3,187	643,542	109,952	67,480	6,633	91.19
	2008年	7,283	7,575	1,545	3,411	681,391	112,328	73,389	7,152	90.70
	2009年	7,181	7,479	1,520	3,292	721,753	154,498	116,713	11,431	90.40
	2010年	7,263	7,723	1,558	3,327	702,552	128,028	91,319	8,967	90.24
	2011年	7,357	7,858	1,555	3,432	717,707	133,605	98,788	9,797	89.80
	2012年	7,377	7,918	1,565	3,478	753,540	156,703	121,662	11,964	91.31
	2013年	7,440	8,107	1,551	3,688	771,608	155,545	120,619	11,884	91.19
	2014年	7,426	8,135	1,560	3,735	830,359	203,745	169,033	16,566	92.21
指数	2005年	100	100	100	100	100	100	100	100	100
	2006年	101	102	99	100	99	88	86	88	99
	2007年	106	107	91	112	87	58	46	52	95
	2008年	111	112	91	120	92	59	50	56	94
	2009年	110	110	89	116	97	81	80	89	94
	2010年	111	114	91	117	95	67	62	70	94
	2011年	112	116	91	121	97	70	67	77	93
	2012年	113	117	92	123	101	82	83	93	95
	2013年	114	120	91	130	104	82	82	93	95
	2014年	113	120	91	132	112	107	115	129	96

資料：農林水産省「畜産生産費統計」

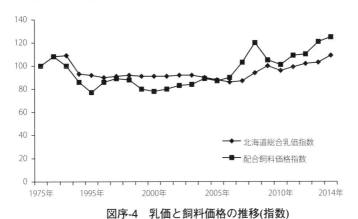

図序-4　乳価と飼料価格の推移(指数)

注：1）北海道総合乳価指数は、Jミルクの資料から引用した。
　　2）乳牛用配合飼料価格指数は、(独)農畜産業振興機構の資料を引用した。
　　　　但し、1975～1985年までは推定値である。

3．北海道における酪農生産構造の変動

北海道における酪農生産構造の変動をみるため、**表序-5**を掲げた。成畜飼養頭数規模別農家分布をみると、99頭以下層が全般的に縮小傾向にあるのに対し、100頭以上層は徐々にではあるが増加傾向がみられる。

注目したいのは、中心規模階層である50〜79頭規模層とそれに次ぐ30〜49頭規模層の縮小である。従来から酪農家層の中核をなすこれらの階層が減少傾向にあることは、大きな問題である。このような頭数規模構造の変化をみて、直ちに経営の近代化が進んだと評価して良いのであろうか。

大規模経営の増加は、これまでの生産費増大傾向、なかでもその主要因となっている購入飼料費の増大化傾向を考慮すると、規模の経済性が生産の場で発現したための大規模化とは考えにくい。

その大規模化の要因をいくつか推測すると、第1は配合飼料価格の高騰により乳飼比が高まって所得率の低下を招き、所得の絶対額を確保するため多頭化を行ったことである。

第2には、これまでの乳牛管理様式であるタイストールでは、経産牛50〜60頭程度しか扱えないので、フリーストール（ルーズバーンも含む）方式を導入したことである。そして、第3にはフリーストール方式の導入に伴いミルキングパーラーを設置したが、搾乳や給餌の手間がかかりすぎることから、搾乳ロボットやTMR飼料を自動給餌できるような施設機械投資に迫られ、その経済効率を上げるため、さらに飼養頭数規模を拡大しようとしたことである。100頭以上層の戸数増加は、まさにそれに該当する。

では100頭以上層で生産の規模の経済性が発現しているかと言えば、適期作業という側面で自然に大きく制約される酪農は、いかに機械化しようとしても生産における規模の経済性は発現しにくい。そのかわり、大量購入による飼料・肥料などの生産資材購入や、生乳の集乳業者への販売など流通過程における規模の経済の発現は考えられるが、それは農協離れを前提にしており、地域酪農への混乱をもたらす。

表序-5　北海道における乳牛成畜飼養頭数規模別農家戸数分布

(単位：戸、％)

区分	年次	合計	指数	成畜飼養頭数規模分布							子畜のみ
				小計	19頭以下	20〜29	30〜49	50〜79	80〜99	100頭以上	
実数	2005年	8,790	100	8,540	724	448	2,320	3,110	891	1,040	255
	2006年	8,550	97	8,290	667	463	2,003	3,030	814	1,030	257
	2007年	8,270	94	8,030	604	431	2,215	2,960	804	1,010	240
	2008年	8,050	92	7,720	528	513	1,940	2,820	804	1,110	330
	2009年	7,820	89	7,510	419	396	1,730	2,800	949	1,220	313
	2010年	7,650	87	7,350	448	322	1,900	2,530	882	1,270	294
	2011年	7,460	85	7,130	453	338	1,700	2,510	859	1,280	329
	2012年	7,230	82	6,970	418	397	1,680	2,420	644	1,410	263
	2013年	7,080	81	6,910	483	352	1,680	2,370	700	1,320	176
	2014年	6,850	78	6,660	418	268	1,550	2,280	841	1,290	194
	2015年	6,630	75	6,350	408	258	1,590	2,140	708	1,250	274
	2016年	6,640	76	6,190	391	264	1,310	2,140	702	1,380	247
構成比	2005年	100.0		97.2	8.2	5.1	26.4	35.4	10.1	11.8	2.9
	2006年	100.0		97.0	7.8	5.4	23.4	35.4	10.4	12.0	3.0
	2007年	100.0		97.1	7.3	5.2	26.8	35.8	9.7	12.2	2.9
	2008年	100.0		95.9	6.6	6.4	24.1	35.0	10.0	13.8	4.1
	2009年	100.0		96.0	5.4	5.1	22.1	35.8	12.1	15.6	4.0
	2010年	100.0		96.1	5.9	4.2	24.8	33.1	11.5	16.6	3.8
	2011年	100.0		95.6	6.1	4.5	22.8	33.6	11.5	17.2	4.4
	2012年	100.0		96.4	5.8	5.5	23.2	33.5	8.9	19.5	3.6
	2013年	100.0		97.6	6.8	5.0	23.7	33.5	9.9	18.6	2.5
	2014年	100.0		97.2	6.1	3.9	22.6	33.3	12.3	18.8	2.8
	2015年	100.0		95.8	6.2	3.9	24.0	32.3	10.7	18.9	4.1
	2016年	100.0		96.2	6.1	4.1	20.4	33.3	10.9	21.4	3.8

資料：農林水産省「畜産統計」

　北海道農政部の調査では家族経営の27％がフリーストール牛舎を採用していることになっている。表序-5に即してみると80頭層以上の大半がフリーストールに移行しているものと推測される。そうなると、79頭未満層の酪農家はタイストールを採用していることになる。

　フリーストールに移行することで生じる経営問題は、適期に粗飼料を調製し、TMR飼料を製造し給仕することと、膨大な量の糞尿を処理することであった。

　TMR（Total Mixed Rations）とは混合飼料を意味し、乳牛が要求する飼

料成分がすべて適正に配合されていて、乳牛が混合材料ごとに選択採食することができないようにした飼料である。給与は不断給餌とし自由採食が基本となる。乳牛はそれぞれ食べたいだけ混合飼料を食べ、能力を十分に発揮しながら適正なボディコンディションを保つよう、乳量に応じた牛群分けと飼料設計が必要である[1]。

　もっとも、頭数規模拡大に伴う飼料作の外注化組織に委託する酪農経営は必ずしもフリーストール経営に限定されているわけではなく、タイストール経営も含まれている。農協の中には、頭数規模拡大のために、農協自らが農政のバックアップ（畜産クラスター事業など）を受けTMRセンターの設立を推進するだけでなく、搾乳ロボットの導入やバイオガスプラントの設置などを推進していることも、100頭以上層が増加した一因であると推測している。

　TMRセンターとは、岡田直樹氏によれば「酪農経営から農地管理と粗飼料生産、及び濃厚飼料購入と給与飼料であるTMR製造を一括して受託し、出資者である酪農経営にTMRを販売する」組織として定義されている[2]。

　しかし、私は農政の誘導によるTMRセンターの増加が、酪農振興の決め手になるかどうかは疑問に思う。酪農経営悪化の主要因は、TMRの採用によってアメリカ穀物飼料（トウモロコシ、大豆粕）に大きく依存せざるを得ないため、その価格変動リスクにさらされているからである。北海道酪農の発展方向が、土地利用型畜産か、あるいは加工型畜産かの方向性が問われているのである。

　岡田直樹氏も、TMRセンターの設立が、酪農経営においては飼養頭数に対する農地過剰化の懸念、あるいは逆に酪農経営側の飼養頭数拡大が農地面積の拡大を上回る場合の購入飼料依存深化の懸念を指摘している[3]。

　岡田氏によれば、最終的にTMRセンター独自の運動論理によって、「少数の大規模酪農経営と、TMRセンターによる営農体制の出現が展望される。ただし、こうした体制は、家族経営の維持展開という、TMRセンター体制構築当初の目的から逸脱する恐れを伴うように思われる」[4]と控えめながら疑問を呈している。

私も大規模酪農経営がTMRセンターを包摂することは困難だと考える。たとえ大規模酪農経営がTMRセンターを統合したとしても、粗飼料収穫・調製のための農繁期労働力を確保することは困難となる。結局、粗飼料節約のため配合飼料依存度は高まるばかりで、酪農経営の不安定性はますます増幅していくことになる。

また、農協も農政にしたがって酪農経営の大規模化・法人化を推進すればするほど、配合飼料価格や集乳業者による集乳手数料の大口割引のため農協離れを自ら促進するという皮肉な結果をもたらす恐れがある。

4．動向分析結果と残された問題

以上、極めて大雑把な統計分析ではあるが、大規模酪農経営が若干増えたとしても、それは酪農経営の発展とは言えないのではないか。そして、何よりも緊急を要するのが、配合飼料価格の高騰にあえぐ、30～49頭規模層と50～79頭規模層という中心階層のタイストールを採用している農家群を立て直すことである。フリーストールに移行させても、飼料価格の高騰に見合った乳価の上昇がなければ、投資に見合った経済性を実現することは困難である。このまま推移すれば、酪農の衰退は免れないであろう。

それでも大規模経営が増加したのは、生産の規模の経済性は発現していないものの、生乳販売における手数料や配合飼料購入において規模の経済性が発現しうる余地があるからであろう。すなわち、大規模経営は出荷量がまとまるので系統外の集乳業者に販売することによって手数料を節約することができる。そもそも北海道のプール乳価の一部を形成する補給金等は政府の補助金であるが、この補助金は飲用乳と加工用原料乳との価格格差を是正するとともに、府県酪農を保護するために設けられた制度である。しかし、この制度はそれだけにとどまらず、価格の下落を下支えし、出荷量に対する補助金であるため、大量出荷者に有利な制度になっている。

配合飼料の購入の場合でも、農協組合員農家でさえ系統のみの共同購入体制は崩れているが、大規模経営になると飼料メーカーを集めて競争入札をす

るため、より安い飼料価格を短期的に実現できる場合が多い。

　そのような事情から、最近では大規模経営、とりわけメガファームの生乳出荷と配合飼料の確保において、系統農協からの離脱が多くなっている。

　しかし、これらの大規模酪農経営の場合でも、農協の信用事業や共済事業、あるいは厚生事業の利用を保持したいことから、生乳出荷と配合飼料購入以外は系統事業を利用したいという中途半端な離脱が多くなり、独禁法がらみの農協問題を多発させている。

　加えて、補給金等を受給する資格を持つ指定団体はこれまで系統農協一本であったものが、MMJに代表される集乳業者も指定団体に認定されることが可能となったことから、農協に生乳を出荷しない大規模酪農経営が少しずつ見受けられる。

　フリーストール方式の大規模家族経営は、労働力不足による粗飼料生産の確保が困難になり、粗飼料不足を購入飼料で賄わなければならないので、配合飼料を含む購入飼料価格の高騰化にどこまで対応できるかが懸念されている。

　さらに、敷料不足によってフリーストール牛舎が糞尿のために泥濘化し、未熟堆肥やスラリーを草地に直接散布せざるを得なくなることで、家畜伝染病のヨーネ病対策が難しくなっている。このことも懸念材料の一つであろう。ヨーネ病は2015年にピークを迎えているが、いまだに終息の兆しを見せていない[5]。

　さらに、労働力の確保が家族労働で補いきれなくなって、外部から低賃金労働力を調達しなければならないため、外国人の研修生確保など様々な労働問題を抱えることとなっている。

　長期的にみれば、配合飼料価格は高騰化傾向にあることと、雇用労働力確保の制約などから、大規模フリーストール経営の安定化は極めて困難な局面にある。

　また、配合飼料に大きく依存する中小規模酪農経営の多くは、中途半端な頭数規模拡大と高泌乳化を選択しているため、配合飼料に対する依存度が大

きく、大規模フリーストール経営と同様に配合飼料価格の高騰化の影響をまともに受け、収益性を低下させている。

問題の本質は、配合飼料と外部労働に依存した酪農の生産構造を、家族労働力と粗飼料に大幅に依存した土－草－牛の経営内部循環に回帰させることができるかどうかである。

実際、中小規模酪農経営の中から土－草－牛の経営内部循環による安定した新しい酪農経営が出現してきている。

そこで、大規模酪農推進政策の理論的根拠となった既存農業経営学を改めて見直し、北海道酪農再生のため、中小規模酪農の安定化を可能にする新しい農業経営論を構築する必要があると考えたのである。

注
1)『酪農大百科』デイリーマン、1990年、pp.267～268。
2) 岡田直樹『家族酪農経営と飼料作外部化』日本経済評論社、2016年、p.2。
3) 同上書、p.15。
4) 同上書、p.202。
5) 北海道農政部生産振興局畜産振興課「北海道酪農・畜産をめぐる情勢」、2017年。

第1章

既存農業経営学の理論的検討

第1節　農業経営研究の目的とその立場

1．私の農業経営研究の経過

　私が大学で農業経営学を学んだ当時は、農業経営の目的は「持続的最大の純収益の追求」であると教えられた。大学卒業後、北海道立農業試験場経営部に研究員として就職した私は、この農業経営の目的の意味がよく分からず、要するに「経済的な利益を農家が確保できればよい」という程度に理解していた。

　そのため、私が担当していた実証試験農家（営農試験地農家）とは、少なからずトラブルを生んでしまった。営農試験地事業とは、北海道立農業試験場がポスト経営試験事業として創設した事業で、その目的は農業経営の近代化をスムーズに進めるため、機械化を中心とした新しい技術を現場の農家に導入し、その効果を実証するため、試験を行うものであった。もちろん、新しい技術の中には、試験場が独自に開発した技術も含まれていた。

　私は農業試験場の実証試験担当研究員と担当農家のトラブルの要因を担当農家の視点から見た関口峯二氏の問題提起に大きな衝撃を受けた（「斜里経営試験農場12年の思い出」『北見農業試験場70年の歩み』）。以下、それを引用してみよう。

　関口氏は、「その一つは、経営計画をたてた試験場の研究員が本当の農業を知らないことが多く、また苦労を認めてくれなかったことである。雑草が

多い、管理が悪い、ある時には家族の身なりにまで口出しされたことがあった。また農機具にしても、試験場で購入して送られてくるのでは実際にあわず、付近の農家の農機具よりも使いにくかったことが多かった。

二つには、各種の記帳や報告にも困らされた。試験場との契約によって、日報、月報、年報の提出が義務づけられ、こと細かな記帳が必要とされていた。しかし、作業に精を出せば出すほど夜の記帳が辛く、提出期限を過ぎて叱られたことが何度あったかわからない。この記帳の整理のため、正月もゆっくり休めないのが実態であった。また、作物ごとの労働配分を記帳するのが難しく、これを書くときは気が重かった。

三つには、見学者の案内、説明も悩みの種であった。早朝といわず、また仕事中でもこれら見学者に時間を割かれ、農繁期には心で泣きながら説明したことは今でも忘れない。

……私がこの経営試験を通じて得られたことは、次の言葉で要約されるのではなかろうか。『農業経営を単なる利殖的なものとせず、自己の生活と融和させたい。私にとって農業経営は生活の意義をあらしめるもの、換言すれば芸術であり哲学である』。」[1)]

関口氏は、当時の国立農事試験場（現北海道立農業試験場）から経営試験事業を委託された経営試験農場の経営者である。この事業は国の北海道開拓事業と密接な関係があり、北海道に入植した農家のなかから優秀な人材を選び、日本ではそれまで行ってこなかった畑作や酪農などの西欧農法を定着させるため、試験場が技術や経営方法を提供して地域の模範となる展示農場を設置したものであった。

しかし、関口氏も嘆いているように、経営試験事業に取り組んだ試験場の研究員は、部分技術の専門家であり、総合的に農学を収めてはいない。したがって、経営研究の担当者は存在せず、主として技術研究員が試験を担い、経理については簿記や会計の知識を持つ人が補助的に加わるのみであった。

それにもかかわらず、試験場の担当研究員は、技術的な合理性のみを求めて、経営者の関口氏が、市場環境や自分の資源保有状況を踏まえ、生活も含

第1章　既存農業経営学の理論的検討

めた経営全体としてバランスのとれた技術選択や作物（部門）を選択しようとしたことに対してクレームをつけたのである。このように経営全体をみて意思決定を行っているのが農業の担い手である農家なのだが、試験場の研究担当者はそのような農業の実態を踏まえず経営試験農家を指導しようとしたのである。

しかも、担当農家を苦しめた農業労働の記帳義務では、誰がいつどこの圃場や畜舎でどんな作業を何時間何分働いたのかを記帳する様式となっているので、少しでも書き落しがあると担当研究員に責められた。とりわけ作業日誌は、圃場別・作業別、人別の労働時間や、耕馬や機械使用時間を記入する仕組みになっていた。いま思えば、もっと大雑把でも良かったはずだが、私も担当した営農試験事業では同じような誤りをしてしまった。

実際には、農業経営が全くできない部分的に専門特化された試験場の研究員に指導される苦痛は、いかほど大きかったかが関口氏の言葉からうかがい知れる。

その関口氏が、農業経営の目的を「利殖＝利益」の追求ではなく、意義ある生活を過ごすための芸術と言い切ったことに衝撃を受けたのである。

では、私が大学で学んだ「持続的最大の純収益の追求」という農業経営の目的は、一体全体何だったのであろうか。

当時はよく分からなかったが、今にして思えば農業経営研究に接近するための仮説であった。それは、農業経営の担い手を企業に仮定して、市場経済に対応するためあくまでも経済合理的に行動する経済人としたことであった。

農業を担う農家は、企業家ではなく家族経営であり、その性格は所有者（土地・施設）、労働者、経営者の三位一体的性格を備えた小農である。したがって、企業のように利益追求オンリーではなく、生産と生活が一体化している「生業的家族経営」であるから、農業を営む意義や楽しみ、あるいは地域住民、いわば共同体の一員であることをも配慮する必要があった。

そうであるなら、既存の農業経営学が論じているように、小農、生業的家族経営であっても、市場経済が深化する中で、企業と同様に収益確保に専念

しなければ、生き残ることはできないということになるのだろうか。

実は、必ずしもそのような結論にはならないのではないかと思う。ある程度採算がとれるのであれば良しとし、残った時間を人間として意義ある生き方に使うと考えるのではないか。

そのように考えると、農家の経営活動を収益追求に重点を置いているこれまでの農業経営学に疑問が生じてきた。

2．農業経営研究の立場

小農である家族経営の行動を企業と仮定し、経済学的方法で農業経営問題を扱う立場は、少なくとも生産と家計が一体化した生業経営、農家自身の立場とは異なることになる。

農家自身の立場とは、生産者であると同時に生活者であるという立場のことであり、市場経済に対応しなければならないことは必要だとしても、そのまえに人間として生活する上で大切な、自然環境への適応、地域社会との調和、そして子育てや老人介護も含めた家族生活を充実しようとする立場のことである。

一方、企業の立場は、市場経済に農業を適合させようとする立場であり、農家の立場ではない。いわば、農業を市場経済に包摂しようとする側の立場であり、さしあたり総資本（または財界）の立場である。そして、市場経済の発展段階に照応して農業をコントロールする農政の立場でもある。したがって、総資本の意思が反映されるので、食料生産コストの低減を限りなく追及する研究・政策となり、「ゴールなき規模拡大」という経営近代化路線を推進する農政が、今日においても継続されることになる。経営近代化路線の定着に向けて、農業経営研究者は、経済効率の良い大規模経営をいかに形成するかというテーマを政策的に与えられ、その規範モデルの構築やその支援体制について研究を限定されていったのである。

農家が主体的に考え、行動することを尊重した農業経営学は、これまで存在しなかったのかといえば、実は、小農経営論として存在していた。では何

故に、企業仮説の農業生産構造論的経営学が主流となり、この小農経営論が亜流になってしまったのであろうか。

第2節　農業経営研究における方法論論争の系譜

　農業経営学における方法論上の系譜は、生産構造論的農業経営学と主体均衡論的農業経営学に大別され、生産構造論的農業経営学の立場を主張したのが金沢夏樹氏である。その区分にしたがって、それぞれの論者の主張を整理していこう。

1．生産構造論的農業経営学の接近方法

(1) 柏久氏の主張

　この生産構造論的農業経営学の立場を、主体均衡論的農業経営学に対する批判、いわば小農経営学批判という形で鮮明に打ち出しているのが柏久氏である。彼の主張する内容を検討すると次の通りである。

　柏久氏は、横井時敬氏やその系譜にある橋本伝左衛門氏、そして大槻正男氏を小農経済論者と規定し、次のような批判を展開した。

　「……小農を非営利的なものであり、資本主義（資本家）的経営と一線を画するものだとしたことは、農業経営を『資本の単位』として見ることを不可能にした。国民経済が資本主義経済として存在しているにもかかわらず、農業経営だけは隔絶した世界にある、ということになった。……しかし小農経済論がいうように、資本主義経済のなかで農業のみが別の論理で動いているのだろうか。確かに農業は、工業などと異なった性質をもっている。しかし工業内でも、業種によってその性質は様々である。農業と工業との性質の違いも、程度の差こそあれ、工業内の性質と異なるところはない。その違いには、経済的に農業だけが資本の論理と異なった論理で動く論拠になるものではない。資本主義体制の是非はともかく、この体制を選択している以上、資本の論理に合致しなければ生きてゆくことはできない。

さらに、小農経済論の流れは、農民を『単なる業主』と捉える見方を生み、農業から主体性を奪うことにもなった。そして資本主義体制をとる国民経済のなかに、農業という独立国があるかのごとき政策展開をもたらした。しかしこのような独立国がいつの日にか維持できなくなることは、火を見るよりも明らかである。

　……このようなとき、日本農業が緊急に達成しなければならない最大の課題は、農業経営ないしは農業者に主体性を回復することである。そのためには、農業経営を資本主義体制のなかで正しく位置づけ、農業者を『単なる業主』ではなく、資本の運用主体、すなわち『企業者』と見なす見方を確立していくことが必要である。言い換えれば、小農経済論に基いた農業経営学に別れを告げ、企業的農業論に基いた農業経営学を確立していくことである。

　……そして、農業経営もまた、資本の論理のなかで企業として生き抜き、今日、農業に認められている多様な機能、役割を成し遂げ、社会的責任を果たさなければならない。そのためには農業経営学もまた、農業経営の目標を利益と措定し、企業的農業経営を土台にした新しい学問体系を確立する必要がある。」[2]

　このような柏久氏の主張に代表される生産構造論的農業経営学派の理論は、東畑精一氏の構造改革論と共に農政の理論的バックボーンとして採用され、第1段階の構造改革政策では中小規模農家の切り捨て、第2段階の構造改革政策では企業的大規模農家の育成、そして現段階の農業政策では遂に企業が農業に参入しやすくするための規制緩和政策（農地法の改正）として結実し、今も機能している。

　柏氏の論旨には、その前提条件に重大な疑問がある。すなわち、農業と工業の間には本質的な違いはなく、資本主義体制の下では資本の論理に合致しなければ、生きてゆくことはできないと言い切っていることである。いわば、資本主義体制の下では、資本が農業を包摂すると断定している。この点については、後節で詳しく検討するが、果たしてそのように断定してよいのだろうか。

（2）東畑精一氏の主張

東畑精一氏は金沢夏樹氏に対し、「経営学という学問はどうもGeistlosにおちいり易い傾向をもっている。経営学を志す者この点を充分に意識しておくべきではないか」という示唆を与えたそうである。その意味を良く考えると、東畑氏が「日本農業を動かしているのは農家ではなく政府である」[3]と主張していることから察するに、実際に小農が担う農業経営の指導論理は農政にあり、農政こそ意思決定主体であることを主張しているのではなかろうか。金沢氏は、東畑氏の説に反対せずにこのコメントを引用していることからすると、彼もそのように考えていたふしがある。すなわち、（小農のような）単なる業種に農業経営理念、あるいは農業経営哲学は存在しないということなのであろう。

（3）金沢夏樹氏の小農経営論批判

金沢氏の農業経営学[4]では、現状における農業生産の担い手として小農が存在しているにもかかわらず、現状を否定して企業経営を展望している。生業である小農に経営問題なしとする前に、何故小農が根強く残存しているのかを解明すべきであろう。

しかし、彼も、歴史的存在である小農がどのような経過を経て企業に純化するのかを明確にする必要に迫られ、磯辺秀俊氏の定義を援用し、次のように説明している。

即ち、「磯辺秀俊教授は商品生産を営む家族経営を労働型家族経営と資本型家族経営に区別した。労働型家族経営とは家族労働力の比重が高い経営であり、したがって固定資本の比重は低く、労働手段の利用も低度であるから家族労働力がもっぱら主要な生産手段である。家族関係にも前近代的な関係がつよく、また経営と家計との融合は実質的にも形態的にも緊密で、経営は家族生活の維持・拡充をはかるという性格が強いために、生活資料ことに食糧への自給生産への欲求がつよく、商品生産もこの基調の上に営まれる。したがって、経済計算上、生産費を割った価格でも生産が行われ、生活費の縮

小のかたちをとる。その経済活動は、チャーヤノフ的主体均衡によって説明されるところが多いとしている。

　一方、資本型家族経営とは、家族労働力を根幹とする点では同じだが、資本ことに固定資本の比重は高く、資本集約度の程度も高い。規模はしたがって外延的にも（ファームサイズ）、内延的にも（ビジネスサイズ）拡大が意図され、農業外との労働移動が高まり、自家労働の賃金による評価も高まる。家計と経営は形態上結合しているが、実質計算上次第に分離し、家計への従属から解放され、農家経済のための私的所得追求にとどまらず、積極的に投下資本に対する報酬を求めるようになる。したがって、労働型にみるような経済計算上不合理な自給生産は農民の嗜好による以外には、もはや行われない。

　わが国の農業がなお労働型のそれをどの程度残存しており、かつそれをどう考えるかは農業経営問題をどのような範囲で取り扱うかどうかにかかっていることであるが、わが国農業経営の課題としてその中心対象は資本型のそれであると認識する。」[5]

　磯部説を引用した金沢氏の家族経営に対する概念規定は、家族経営にも発展段階があることを示唆しており、どうやら資本家的家族経営を企業的農業経営と見なしているようだ。

　ただし、金沢氏が言うところの資本型家族経営は、その経営行動において営利を追求するとはいうものの、生産と家計が明確に分離されていない経営が大半で、少なくとも生産と家計が峻別されている企業経営と同じではない。

　また、金沢氏が指摘する労働型家族経営は現在でも多数存在する。磯部説を採用した金沢氏は、労働型家族経営の経営問題をどのように扱うかは明確にしていないが、少なくとも経済学的接近は困難であるというニュアンスにも受け取れる。同時に、土地面積が多く、機械化が進んでおり、しかも商品化率が高く、その意味では限りなく資本型家族経営に近い農家経営もあるが、それでも経営と家計は峻別されていない。それよりも大きな問題は、資本型家族経営が、市場経済に大きく係ることによって、市場の失敗によりリスキ

　　　　　　　　　　　　　　　　　第 1 章　既存農業経営学の理論的検討

ーな経営体になってしまうことである。その例として穀物飼料価格の高騰が直ちに経営悪化をもたらす加工型畜産が挙げられる。

　これまで紹介した金沢夏樹氏の農業経営理論は、小農（労働型家族経営）→企業的家族経営（資本型家族経営）→企業経営という発展段階があり、労働型家族経営を資本型家族経営に誘導することを目的としているように私は理解した。

　そこで問題になるのは、第一に、労働型家族経営と資本型家族経営との違いは、どのように識別するのかということである。つまり、どの程度の生産力の発展をもって資本家的家族経営と措定しうるのかということである。

　第二に、まだ大量に「残存」する労働型家族経営と生産と家計が分離していない資本型家族経営が混在するとすれば、労働型家族経営が現在もなお存続しているのはなぜか。

　第三に、金沢氏はアメリカのファミリーファームを担い手の目標像として認知するとともに、「（ファミリーファームの経営者の思考は）ウエーバーのいう経営のエートスもこれに近い性質のものであろう。家族経営とよばれるものは、もはや形のうえからのみ規定することは困難である。高い技術、高い能力、それに支えられているフリーダムの尊重、個性の重視、創造性の発揮という思想的な裏づけ、これがコクリンのいうアメリカ家族経営の動きである。日本においても、農の思想とは概ね家族経営の理想をその念頭におくものであった。横井時敬にしろ、柳田國男にしろ、その中産階級論としての農民像は、家族経営の生産的倫理を強調し、これを訴えるところにあった。だが、これまで農業者みずからが自らの倫理としてその思想をうたいあげたことがないのは、アメリカと違う点であって、それは常にナショナルポリシーの要求線上にあるものにほかならなかった。復古主義的な家族経営論を、われわれは採らない。家族経営の何が問題なのか、われわれはもう一度謙虚に検討を加えるべきである」[6]と断言しているが、果たしてそうなのであろうか。

　私は、金沢氏が農業者は自らの倫理を思想としてうたい上げたことがない

25

と断定したことに疑問を持つ。むしろ、金沢氏が農村を行脚して農家の声を聞く耳をもたなかったからではなかろうか。それに対し横井氏は、自ら農村行脚をして農家の声を聞いていたことと対照的である[7]。ここで横井氏の有名な警句を紹介すると、「稲のことは稲に聞け、農業のことは農民に聞け」など他にも多数ある。私にとっては、まったくもって身につまされる思いである。

　また、金沢氏は、ここでマックス・ウエーバーの経営のエートスを持ち出しているが、本当にそのように理解して良いものかどうかを後節で、改めて吟味したい。

　金沢氏は、家族経営を肯定すれば、生産と家計が分離されていない小農を認めざるを得なくなるためか、注意深くその定義を避けている。

　そのため、森田清秀氏は「……しかし、所有・労働・経営の三位一体型自作農（日本の「戦後自作農」の特質である）のみを家族経営として想定してよいのかどうか」という疑義を提起している一方で、「家族経営とは何か、恐らく永遠のテーマ」[8]という混乱を引き起こす羽目になっている。

　家族労作経営の農家の経営思想は、すでに第1節で北海道斜里町の経営試験農家関口峯二氏が、「農業経営の目的は、意義ある生活を過ごす芸術」と主張していることを見ても、農業経営研究者が真面目に農家の意見に耳を傾ければ聞こえてくるものであることは明らかである。私は、イギリスの「馬鈴しょはテーブルの上から掘り出すことはできない」という諺と同様に思える。

　どうやら金沢夏樹氏は、資本型家族経営の経営行動は、必ずしも生産と家計は分離していないが、企業と同様、収益性の追求を最優先すると捉え、それをもって企業的経営としているふしがある。だが、家族経営と企業経営は、生産と家計が峻別されるはずであるが、資本家的家族経営とはそこのところが実にあいまいな定義になっているのである。

（4）江島一浩氏のチャーヤノフ批判

　小農経営論の原型を作ったチャーヤノフの主体均衡論を詳細に検証し、徹底的に批判したのが農業生産構造論的立場に立脚した江島一浩氏である。

　江島氏は、チャーヤノフの理論が、欲求の満足度と労働苦痛度との均衡成立を至上命題としていることを問題視し、（満足度）の最大化の命題の代わりに何の理論的基盤も論理的説明も提示することなく、唐突に均衡の命題として措定したこと。そして最小費用による収益最大化の経済性命題を必要最小限の収入に見合う必要最小限の労働という経済性命題にとって代えているとし、論理的ではないと批判している。

　しかし、江島氏は、チャーヤノフの理論をあくまでも経済論として解明しようとしているが、そもそも労働の苦痛度というものは経済的には把握できないものなのではなかろうか。

　この点に関しては、江島氏は農家が必ずしも経済合理的に行動するわけではなく、人間としての生き方を追求し、充実した生活を過ごそうとする時には、金銭よりも余暇を選択することがあり得るということを見逃しているのではなかろうか。江島氏は、あくまでも経済的接近、とりわけ生産力の発展にこだわっている。

　チャーヤノフは、生産と生活が一体化した家族経営だからこそ、市場経済の変動によく耐えて、強靭に生き抜くことを示唆したのであろう。

　しかし、江島氏はチャーヤノフ理論を家族経営の範疇規定に演繹すれば、第一に経済的構造の性格から、以下のような四類型が考えられるとしている[9]。

①資本の比重が相対的に高く、経済的均衡や労働収入（＝労働所得）よりも利潤追求と労働生産力向上に力点を置いた家族経営（資本経済的家族経営）。重点の置き方を不等号の記号で表すと、経営目標は次のごとく示される。
　利潤追求＝生産力向上＞労働所得＞経済的均衡
②労働生産力向上を重視するが、それは利潤追求よりも労働収入に比重がかかった家族経営（労働力経済的家族経営）

利潤追求＜生産力向上＝労働所得＞経済的均衡
③労働生産力向上を犠牲にして労働収入に力点をおいた家族経営（家族労作的経営）
利潤追求＜生産力向上＜労働所得＞経済的均衡
④チャーヤノフの経済的均衡を最優先する家族経営（自足的家族経営）
利潤追求＜生産力向上＜労働所得＜経済的均衡

この類型には、さしずめ①はアメリカ型家族経営、②はわが国の戦後の家族経営、③は戦前の家族経営、④はチャーヤノフの小農経済がそれぞれ該当すると見て差し支えないとしている。

しかし、江島氏のこの類型措定には、いささか疑問がある。

第一に、江島氏の資本経済的家族経営とは、アメリカのファミリーファームのことだろうか。そうであるとすれば、ファミリーファームは企業と断定して差し支えないのだろうか。生産と生活が分離されているのだろうか。また、企業経営というからには、労働力経済的側面は全く無いといえるのだろうか。

第二に、労働力経済的家族経営は資本経済的家族経営とは異なるとしているが、家族労作的経営とどこが違うのか。規模が大きく、動力機械化が進んでいるだけということなのか。そうであれば、動力機械化が浸透している戦後の農家は、ほぼすべて資本経済的家族経営になってしまう。

第三に、③を戦前の家族労作経営と措定しているが、②と違うのは機械化が畜力段階にとどまっているからなのか。つまり、生産力の発展段階で資本家的家族経営と労働力経済的家族経営に分類したのだろうか。

第四に、チャーヤノフの経済的均衡を最優先する家族経営、いわゆる自足的家族経営としているが、チャーヤノフが想定したロシアの小農経済は、当時、すでに資本主義経済に巻き込まれている状況であるので、自足的家族経営というよりも、市場経済下における家族労作的経営に近いのではなかろうか。

結局、江島氏の類型化には類型間の識別があいまいであり、つまるところ

金沢氏が磯辺氏説から援用した資本家的家族経営と家族労作経営の類型に落ち着くのではなかろうか。

では、金沢氏が主張するところの資本家的家族経営と家族労作経営は、どこで線引きできるのだろうか。これもあいまいであり、江島氏としてはさしあたり生産力の発展段階規定に基づいて、畜力段階にある農家を家族労作経営とし、トラクター段階以降を資本家的家族経営と措定しているようにもみえる。

2．小農経営論的接近方法

（1）横井時敬氏の小農経営論

以下では、「小農経営論」の先駆けとして、横井時敬氏を紹介したい。

彼は生産構造論的農業経営研究者が支持する大農論に反発し、『小農に関する研究』という本を著述し、農業の担い手として小農の優位性を主張した。

本書に託した彼の意気込みを紹介すると、つぎのとおりである。

「……この研究は、……小農の経営が資本主義的営利主義に依らずして、かえって非資本主義的労作主義を以て、その基調とすといふの結論にもとづきて、現代の経済学が研究対象とする所が、経済社会の一端に偏して、その全貌に及ばざるの憾あるを指摘し、経済学所要の述語の不備にまで論及した。労作経営の本義が自家労力の完全利用にあるを説き、自家労力に関する研究の余波は、マルクスの労力論にまで及んだ。かくて、この研究は経済社会の大体感に及び、経済学の欠陥をも指摘するに至ったが、その本旨は現在の農業経済学が大農経営の本義とするところの資本主義的営利経営を以てその指導原理となし、これを経営の主義を異にするところの小農経済にまで当てはめ、凡てを一律の下に論定したる、その欠陥を指摘するにあって、小農経済に対する指導原理を研究し、農業経済学の革新を企つるを主眼とした……」[10]。

横井氏は、農業問題を経済学的方法論のみで接近しようとした農業経済学者を痛烈に批判しているのである。当時の農業経済学者は、マルクス経済学者の中でも大農論支持者が多かったので、小農論支持者の横井氏が噛みつい

たと言えよう。

　ここで改めて、横井氏の小農概念についてみてみよう。

　「……既にいふた営利経営は更にもいはず、非営利的労作経営といえども、資本主義的経済の影響下に居るものであると。労作経営の小農といえども、資本を全然用ひないではない。労働者をも必ずしも使用しないとも限らぬ。されば小農経営の定義に於いて、ロッセル（あるいはロッシャー）が云える如く、自家労働力を充分に利用し、敢えて労働者を用ることがないと、限定するの必要がない。テーヤが定義せる小農経営か、一～二の労働者とともに、筋肉労働をなすとせるとは異なりたる意義に於いて、われわれは小農経営を定義するに於いて、専ら自家労働力の使用によって収入をなすを旨とするものが、多少の労働者を労使するとするも、敢えてこの概念に矛盾を来す恐れはないとするものである。」[11]

　横井氏はさらに、「小農経営といえば、経営と世帯との渾然融合して成れる一つの経済体となすが至当である。すなわち或いは小農には経済あって、経営なしとなすも、敢えて不可なりとなすべきでなからう」[12]と述べ、明らかに生業としての家族経営を小農経営の概念に据えている。

　そして、農業の場合、工業とは異なり労働組織が精神労働と筋肉労働とは明確に区別できないとして、次のように述べている。

　「……所詮は大工場の分業せられ、分化せられたる労働において、精神労働と筋肉労働とを截然区別することは無理である。妥当でない。均しく従業者であり、使用者である各種の労働者が仲間割れをなして、労働者と従業者またサラリーマンと別種の団体をなすは、因習の然らしむ所。感情の致すところ、はたまた分業の悪結果とより見る外はない。仕事衣が違い、仕事場が違う、生活状態が慣習的に違う。ここに彼等に異なれる団体ができ、異なれる社会がかたちづくらるる。この如きのみである。

　ひるがえって小農の場合を見る。自家労力は分業せられず、複雑を一身に備えるものである。作業が時には若しくは多く分たるるというも、これは或いは性の種類の然らしむる所、ないしは年齢の然らしむる所であり、業的に

階級的に分かたれ居るではない。自家労働力は経営的であると同時に、作業的である。精神的労力であると同時に筋肉的である。身心を労して経営に構想することもあり、口舌を以て指揮することもある。犂鋤を執って田圃に周旋することもあり、刀筆を手にして机前に鞅掌することもある。かかる渾然として分化せられざる自家労力が分業せられて、経営者となり、従業者となり、労働者になさるるに至れるは、これ分業上の概念にもとづくの分類である。然かるをかれは搾取者であり、われは被搾取者であるとする。これ感情的指導原理に基づくものとなすべきではなかろうか。あるいは搾取者となり、あるいは被搾取者となるは、経営者と従業者（労働者も含む）とが、力の強弱に著しき差等ある場合にこれを見得るべきである。余が搾取というは分配上過当の収得をなして、一方を苦しむる場合の収得を意味するのである。」[13]

横井氏は、「マルクスは労力に向かっての定義を直截示して居ない。しかも階級的対峙を主張するを見れば、その精神のある所、察知するに足るでなかろうか。労力の定義を直截に示さざる所に、マルクス説の根本的欠陥があると、余は信じなければならぬ。はたまたマルクスが果たして精神労働と筋肉労働とを区別しえないとすれば、氏の階級に関する議論は意味をなさざることとなるではあるまいか。念のためこれをここに付記する。」[14] とマルクス経済学を批判している。

結局、横井氏は、農業経営者の経営管理のための精神労働と農作業の筋肉労働とは分かち難く結びついているので、農業においては大規模化に伴う分業と協業組織を編成することは困難であることを述べている。したがって、横井氏は農業の担い手は小農経営が主流であり、大経営、つまり、企業的あるいは企業経営は存続するものの、主流にはなりえないと主張しているように受け止められる。

横井氏の「小農に関する研究」に対する農業経済学者のコメントとして、近藤康男氏の注解を紹介したい。

「横井博士によって我国農業経済学会に投ぜられた一つの石、小農の問題、

中枢をなす部分は(『小農に関する研究』の)本章(第一章)及び第二章にある。その要旨は、大農と小農とは単に経営規模の大小なる技術的数量の差でなくて、むしろ質の差である、経営原理に於ける差である、大農は営利主義的で資本の利潤を目標とするに反して、小農は然らず、故に小農は大農とは別個の見地よりして研究さるべきものなり、といふにある。

ただ具体的な一つの農業経営が営利農業であるか、非営利農業であるか、又その両面を有するのであればどの点までが営利的でどの点までが非営利的あるか、を言ふことは困難である。けれども概念としてこれを分けることが可能である。又それが当然である。だから私は博士の〔但非営利経営も資本主義的経営社會裡に生存する以上、亦たその影響下に立ちて、全然非資本主義の経営をなすことができないのである〕なる但書は具体的な経営は二つの原理に従ふことがある、という意味に解す。何故なら、元来全く非営利主義的な経営も〔資本主義の影響〕の下にある形態を示すならば、それはその限りに於いて資本主義的であると言はねばならないからである。両者の差は質にあって量にない、吾々は現象によって誤らせられてはならない、博士の大小農の区別は概念上の区別である。」15)

近藤氏の注解は横井氏と同様に旧仮名遣いであるので読みにくいが、要するに、家族経営の農業経営行動には資本主義的原理と非資本主義的原理があることを農業経済学者として一応認めたものと言える。

また、横井氏は、生態学に強いアグロノミストを出発点とした農業経営研究者であったことが、農業経済学の欠陥を発見できたのであろう。彼は、生態系を無視して経済学的な方法で農のあり方を問うことの愚かさをズバリと指摘したのである。そして、小農の行動原理には経済的な資本主義的原理と生態系に依存する非資本主義的原理が内包されていることを主張し、それらの原理のうち非資本主義的原理を重視すべきとした。

チャーヤノフ、横井氏の系譜を引き継ぐ小農経営論は、一部は経済学の主体均衡論として、もう一つは計画論的農業経営研究(線形計画法)として生き残っているが、チャーヤノフが主張した生態的接近は等閑視されているの

第1章　既存農業経営学の理論的検討

で、本書では農家のための小農経営論として、「生態的農業経営論」を新たな装いで復活させたいと考えた。

(2) 守田志郎氏の小農経営論

　江島氏は、チャーヤノフの小農理論を、恣意・思弁を論理展開の端緒としているとして、チャーヤノフ理論が我が国に根付かなかったと断定している[16]が、チャーヤノフと横井時敬氏系譜を引き継いだ、いわば正統派主体均衡論者ともいうべき農業経営研究者は存在していた。守田志郎氏がその人である。

　守田氏は、生活と生産が一体化しているのが家族労作経営と定義しているので、大規模・機械化家族経営といえども、生活と生産は峻別していないので、家族経営は全て家族労作経営であると概念規定をしている。

　その上で、「家族経営」と「資本家的経営」あるいは「企業的経営」とは峻別している。

　彼は、大工さんが生業であることを例にあげ、「農業もまた、資本家的企業経営にはならないのである。資本家的という言葉は、いちいち頭につけるのも面倒だし、農家の方々としては、自分の生活や生産の仕方が資本家的になるとかならないとかいわれてもピンと来ない場合が多いのではないかと思う。今の日本は資本主義の世の中だから、資本家になってみたいと一度は思ったことのある人が、農家の人たちの中にあるとしても、不思議でもないしおかしなことでもない。ただし、自分の農業をやるについて、つまり農家として資本家になろうと考えたことがあるかどうかということになると、そういう人は非常に少ない。たまにはあるし、私もそう考えている人を知ってはいるが、大変に珍しいことである。そうした理由もあって、資本家的という言葉は、あまり使わないことにするのだが、そのことについて、ひと言だけ大事なことを付け加えておこう。

　『企業的な経営になるというのは、資本家的な経営になるのと同じことだ』ということである。資本家的といおうがいうまいが、『企業』『企業的』『企

33

業化』、いずれも『資本家的』という意味を含んでいるのである。」[17]
　したがって、企業的家族経営という言葉自体が形容矛盾であるということを主張している。
　また彼は、「家族労作経営という言葉がある。これは日本の農業にはこれこれの特徴があると説明するときに、ほとんど必ずといって良い位に使われる言葉である。この「家族労作経営」という言葉にはいろいろな意味が含まれているように思うのだが、誰でもこの言葉をきいたり書いたりしているのをみると、直感的に、ああこういうことをいいあらわしていると感じられるものがあるに違いない」とし、「農業の企業化というのは、この家族労作経営の反対の言葉みたいなものとして言われることだと思う。つまり、企業的な経営にせよというのは、家族労作経営では駄目だ、ということなのである。家族労作経営の反対ことばが企業的経営だというふうに置き比べてみると、企業化の意味がよりはっきりしてくる。
　家族経営だ、ということは、どういうことだろう。最初に浮かんでくるのは、その経営が農家自身のものだということではなかろうか。
　……、耕耘用具を自動耕運機から中型トラクターにする。そうやって設備投資を増やしていっても、農業では他人資本が入ってこないのである。意外なことに、ヨーロッパでもそうなのである」[18]と主張している。
　では、アメリカのファミリーファームはどうかというと、守田氏はアメリカ映画の一齣を引用し「(アメリカでは) 水屋だの薬屋だの刈り取屋だのというものがありまして、アメリカでは水利・農薬散布・収穫 (コンバイン) などなど、いろいろの作業を請け負う会社ができているということであります。……ということは、アメリカの農業では家族経営が完全なまでに崩壊しつつあることを意味するわけですね。……さように思います」[19]という会話を紹介している。
　彼がそれらの会話を通じて理解したことは、「……アメリカで、農薬散布や収穫を外のものにやらせるのは、農業の企業化を意味するのではない。むしろ逆に、企業化させずに農業をやっていこうとするために選ばれた方法な

第1章 既存農業経営学の理論的検討

のです。……、家族経営を守りたい、ウチの畑だという関係を守りたいからこそ、こういう請負屋の手を借りようとするのである。家族経営を維持するためにこうした請負屋の手を借りるのではあるが、作業中の多くの部分を、これに任せるのが得でないことは明らかである。仕方なしにずるずるそういう部分が増えて行き、生活も一層苦しくなっていくことは明らかである。

　……もしも、本格的に企業的といいうる農業があるならば、こうした農作業請負屋に依存する部分は極力少なくするに違いない。でなければ、いわゆる企業としては成り立たないからである。考えてもみよう。ビルのエレベーターガールやデパートの配達などを専門の企業に依頼することは、日本でもしきりにやっているが、製鉄をよその会社に委託する製鉄所はあるだろうか、大企業が部品製造を下請会社にやらせるではないか、という反論があろう。だが、これは、中小企業を上から押さえつけて買い叩き、その犠牲の上に大企業が利潤を追求するという仕組みの中のものであり、水屋や農薬屋と農業経営者の間柄とは全く違った関係である。小さいから『自分の農業』という性質が強いのだ。

　アメリカでさえそうなのだ。まして西ヨーロッパにおいておや、といいたいのである。

　……、一口にいって、西ヨーロッパの農村では、少なくとも農家の人たちは、日々に営んでいる農業生産と生活をひっくるめて、全て自分のものだ、という気持ちの持ち方に少しの疑問も抱いてはいないようなのである。大きくても小さくても同じなのだ。」[20]

　そして彼は、機械化で農業は企業から遠ざかると次のように述べている。「企業的かどうかということについての、もう一つの指標として資本と労働の分離というのがある。要するに、他人の労働を使って経営をやる、ということである。そして農家の人が資本家になる、ということなのである。工場の経営が企業化するというのは、確かにそういうことでもある。しかし、妙なものである。農業の方では、機械化が進んで、何やら企業的な方向に進んでいるようなムードにみられるというのに、この資本と労働の分離という点

に関しては、むしろ逆行していくのだから。『むしろ逆行』といったが、そうではなくて確実に逆行しているといった方が良いのかもしれない」[21]。しかし、機械化が進展すれば、家族経営が企業化するのではなかろうかという疑問に対しては、彼は「機械化が進むと、人を雇わなくても済むようになる。他人の労働を使わなくなるというのは、資本と労働の分離がなくなることで、つまり企業から遠ざかることである。……、機械化は、家族労作経営という特徴を一層強めていくのである。しかも、機械化の進展で、ヨーロッパの農業も家族労作経営が本当の姿なのだということが、次第に、あるいは急速に明らかになってきた、という点は、私にとっては、たまらなく楽しいことなのである。

家族労作経営は日本の農業の特徴なのだというのもウソなので、これは、どの国でも共通なのであるし、つまり、農業そのものの特徴だったのである。

農場経営などというと、何となく資本家的なムードである。外国のことをいうとき、『100ヘクタール経営の農場』とか『農場の数は何万』だとかいうのに、日本のこととなると『1ヘクタールの農家』とか『農家数500万戸』とかいう。

……、だがよく見れば、日本もヨーロッパも、どちらも、農家！　なのである。

機械化が進められるからといって、労働者を雇い資本家のようなかまえになるというふうに、農業の方ではいかないのである。やはり、この面からみても、農業は企業にはならないのである。……、こういうことさえはっきりしてくれば、農民層が分解するとかしないとかの論議に参加する意味も余りないようなものである。が、しかしそれにしても、やはり分解しないもの、と見た方が良いようである」[22]と主張している。

守田氏の主張は、農業は生活と生産が一体化した家族経営がこれまで担ってきたが、今後も引き続き家族経営が担っていくことを明言されている。そして、生活と生産との関係では、極論すれば「農業は生活そのものである」[23]という確信に満ち溢れている。

第1章　既存農業経営学の理論的検討

　このことは、農業においては、企業的経営は存在するとしても、農業を永続的に管理できず、主流にはなりきれないことを示唆し、主たる担い手は生業である家族経営だと断言している。なぜなら、企業的経営には、営利追及よりも優先して、作物や家畜の生育と繁殖の過程での自然の営みの大小のうねりの中に身を置いて呼吸することのできる体質は、存在し得ないからである。

　私は、守田氏の主張に全面的に賛成である。

　生産構造論的農業経営研究では、農業に対して生産力（主として機械化）の発展という工業の論理が全面的に適用されているが、守田氏は農業には自然と調和して生きる人間の論理が支配しているので、機械化・装置化・施設化はあくまでも自然に従属し、機械化などが農業を支配することはできないという主張である。

　なお、私は守田氏をチャーヤノフと横井時敬氏の系譜に位置づけしたが、守田氏自身が自ら述べているわけではない。守田氏の著書『農法』（農山漁村文化協会、1972年）には引用文献や参考文献がないので、私が措定したのである。

3．大農論批判の系譜

　わが国の農業経済学会の主流派が大農論を支持し、それが生産構造論的農業経営学の形成に大きな影響を与えてきたが、マルクス経済学者の中でも大農論に疑問を投げかけていた学者も存在していた。以下、主要な論点を提示したい。

（1）大内力氏

　マルクス経済学の大農論者は、資本主義経済の深化が必然的に小農を分解し、企業経営に純化せざるを得ないという論理に立脚していたが、それに対して果敢に反発したのが同じマルクス経済学者のデヴットを中心としたいわゆる修正主義者と言われた人たちであった。

37

大内氏は、大農論に立脚した農民層の両極分解論者ではあったが、修正主義論者の主張に感銘を受け次のように紹介している。

　まず、農民層の分解とは何かであるが、「……小生産者としての小農民は、本来、自給的な経済には適合的な存在ではあるが、商品経済には非合理的な存在である。したがって資本主義的商品経済が彼等をとらえれば、競争の原理は彼らの存在を必然的に分解してゆく、そして、彼らの一部は次第に上昇してブルジョア化し、他の一部は没落して、土地その他の生産手段を失ってゆき、それとともに農業もまた資本家的生産によって支配されるようになる。

　要するに資本主義社会は、全社会を『敵対する二大陣営、たがいに対立する二大階級―ブルジョア階級とプロレタリア階級に、だんだんとわけてゆく』（共産党宣言）」必然性を持っているのであり、農民層もまたその運命を免れることはできないというわけである。

　このような理解はある意味では通説化しており、人が農民層の分解を考える場合には、大抵このような形の農民層の分解を想定しているといってもいいであろう。

　だが、このような通説に対しては、重大な疑問が投げかけられていることもまた事実である。そしてそのような疑問は、周知のように、19世紀末から20世紀のはじめにかけて、まずドイツで、続いてロシアで、いわゆる修正主義という形で提出されたものである……。

　この修正主義者の議論について、……簡単に言えばそれは、少なくとも農業に関する限りは、農民層が分解してその一方の極に資本家的大経営が発展してゆく、ということはありえないことであり、家族的小経営の方が優位を保つであろう、ということにつきている。そしてその論拠として彼等は、農業は工業と違って有機的生産であること、またここでは大経営は必然的に空間的に大きな広がりをもつが、それだけに労働者の監督が困難であること、ここでは機械の利用もまた大いに制限されること、等々の技術的な理由を挙げ、その結果農業においては、小経営の方が大経営よりも生産力的にすぐれている、ということがかかる結果を生むのだと主張したのであった。

第1章　既存農業経営学の理論的検討

　このような修正主義者の主張に対し、まずカウツキーが『農業問題』において、やや遅れてレーニンが『農業問題と「マルクス批判家」』において、詳細な批判を行った。

　ここでカウツキーは、農民層はやはりマルクスのいうように両極分解しつつあるのであり、ただそれがいまだ十分に徹底されていないにすぎない、と主張した。また、レーニンは、修正主義者が、農民層の分解を否定する際に、その証明として用いている統計の利用の仕方の不備を比較的念をいれて指摘している。そのなかで特にわれわれの注意をひくのは、中経営というものが増大している、という点から、中経営が大経営を駆逐するのは誤りだとしている。そして彼もカウツキーと全く同じように、農民層はやはり両極分解を絶えず遂げつつあるのであり、ただその速度が比較的遅いのと、統計面に、こと経営面積別の統計にはそれが正確に反映されないため、修正主義者のような誤った結論が出てくるにすぎないと考えた。」[24]

　だが大内氏は、このようなカウツキーやレーニンの論文を紹介したうえで、彼らの主張があらわれてから既に半世紀を経た今日、その主張が果たして実証されたかどうか、という点になるとむしろ多くの疑問を感じた。

　彼は、このような疑問に答えるためには、単にカウツキーやレーニンの説を援用しただけでは説明できないと考えた。むろんレーニンのいうように農業技術の発達によって集約度の増大が見られ、したがって相対的に小さい経営面積が相対的に大きな経営規模をあらわす、ということは十分ありうることである。しかし集約度の増進には限度があるから、やはりある面積以下の経営は資本家的経営にはなりえないであろう。しかも統計上中間層の農業経営が増大するという場合には、その層は、まさに家族経営の範囲内に入るべきものとしか考えられないものだからである。また、カウツキーのいうように、農民層の分解と資本家的経営の発展とは、そんなに急激に進むものではなく、小農民は労働の強化と生活の切り下げによって粘り強く抵抗するものであることは事実としても、それではかえって大経営が解体し、中間層が増大する、ということを説明するには足りないであろう。そして特に19世紀末

ないしは20世紀に入ってから、そのような傾向がはっきりあらわれてきている、ということが事実だとすれば、それを、資本主義がいまだ十分に農業を支配していないためだ、とみるわけにもゆかないことは明らかである。なぜならば、ここでは資本主義はすでにその最高の発展段階に達しているのだから、この段階でもなお資本主義が未発達だというのでは、おそらく資本主義が続く限り未発達だ、ということになりかねない。

そうであるならば、このような事実は、農民層が分解しないことを意味しているのであろうか。そして修正主義者の方がその点では正当なのであり、マルクス以来の通説は、その点では誤りを犯しているのであろうか。もちろん、そう簡単に言い切れないものを多くの人は感ずるに違いない。しかし、このような形で問題が提起された時、これまでの農民層の分解に関する一般の理解では、この問題には容易に答えていないと大内氏は指摘している。

このような大内力氏の問題提起は、まことに説得力があり、修正主義の主張を余すとこなく提示している。しかし、彼は修正主義に対する反論として、ドイツを例に挙げ、一般法則（両極分解）が貫徹しないのは、後進資本主義と帝国主義に規定された特殊歴史的事情により両極分解が歪曲されたためとしているが、この説ははなはだ説得力がない。

大内氏は修正主義者のレッテルを貼られることを恐れるあまり、このような中途半端な批判になったのではなかろうか。

大内力氏は、逝去される1年前の2008年10月に『農業の基本価値』を出版され、彼はその中で「……、〔規模拡大をすれば農業生産性は高まるし、それこそが農業の近代化である〕という考え方が、マルキシズムのなかにも強く持ちこまれることになったといっていいでしょう。19世紀の末になって、ヨーロッパでは〔大小経営優劣論〕というのが、はじめはドイツ社会民主党のなかの議論として、やがては農学者まで巻き込みながら大きな論争に発展していったのもその反映だったのです。レーニンもそれを受け継いで、〔規模拡大をして機械化を徹底的に進めるのが農業の近代化であり、それをなし遂げるのが社会主義だ〕という考え方をもっていたとみられます。ただし、

第1章　既存農業経営学の理論的検討

革命後はそんなことを政策として取り上げる余裕はありませんでした。しかし、やがてそれがスターリンに受け継がれ、集団化政策を合理化するための口実に使われることになります。〔集団化することによって個別経営の零細性を突破して大規模経営をやる。そこへトラクターステーションを通じて大型機械を入れて、機械化と化学化とをすすめれば、農業は効率的になり生産性を高めることができる。だから集団化しなければいけない〕という議論になったわけです。」おそらくはフルシチョフないしブレジネフのときまで、こうした方針は多かれ少なかれソ連には残っており、ソ連農業の行き詰まりが起こると、〔これは規模が小さいからいけないのだ〕といって、コルホーズを二つ、三つ無理やりに合併させて、大規模なコルホーズをつくるという動きが出てきます。また共同経営ではうまくいかないなら、いっそのことソフホーズ（国営大農場）化して大規模経営をやればいい、というやり方もとられています。ソ連から方針を受け継いだ東ドイツの社会主義農業というのもそうでした。ここでは、ドイツ人らしく考えを一層徹底させて、耕種農業と畜産農業とを別々に分け、耕種は耕種で徹底的に大規模化する、畜産は畜産で徹底的に大規模にする、ということをやったのです。それがいまや東の世界の農業の行き詰まり、および慢性的食料不足という問題に結びついて、結局は根本的反省を迫られることになったのです。」[25)]と大農経営論を徹底的に批判している。

　私は、大内力氏は最終的に修正主義理論の賛成者に転換したと思っている。

（２）阪本楠彦氏

　阪本楠彦氏は、『幻影の大農論』[26)]という著書を執筆し、『資本論』でマルクスが主張した大農優越論に対して、疑問を呈している。以下、彼の論文の抜粋を紹介すると、

　「……、われわれの問題を、マルクスもレーニンもずいぶん簡単に取り扱っていたものだと、私は思う。

　大経営が小経営に対して優越するという法則は、農業でも完全に当てはま

るべき性質のものであり、ただ、彼らが生きていた時代にはまだ農業の機械化が完成していなかったので、その法則がまだあらわになっていないだけなのだ、と彼らは信じて疑わなかったのである。

　農民の分化は必ずや分解につらなる——農民の大群の中からは遅かれ早かれ大量の富農が生まれてくる——と信じ込んでいたのだと、いいかえてもよい。

　そしてこの信念は、マルクス、レーニンの後継者たちによって、単に継承されたばかりではなく、むしろ増幅されてなお強固なものとなる傾向があった。ソ連の1920年代後半、または中国の1950年代半ば、食糧の需給が緊迫すると"ヤミ富農"がたちまち大量に発生して、新政権の土台を掘り崩しかねぬ情勢となったからでもある。

　農業の共同化が説かれた。そして、そのすすめに直ちに応じようとしない勤労農民があることについては、彼らの意識が"遅れている"だけだという説明が用意された。もともと農民という連中は、資本主義時代にとっくに没落に瀕していても、小ブルジョア意識を捨てきれず、自分の経営にしがみつくという実にバカげた選択をしたがる……といったぐあいに、である。

　社会主義的な大規模農業経営は、どんな場合にどの点でどれだけ小農経営に優越できるか、という地味な分析をしようとする人々ももちろんあったが、歴史では、時流に乗って派手に大声でわめき散らす連中が、往々にして政局の主導権を握るものである。共同化にためらいを示すものを一概に"富農"扱いして打撃を与えるとか、"大きければ大きいほど良い"という妄想にかられて農民を引きまわすとか、いただきかねる現象が目立ったのはソ連であり、後者の現象が目立ったのは中国である。どちらの現象も目立たなかったのは、もともと共同化のテンポが鈍く、しかも1956年のポズナニ暴動以降はそれを断念したポルスカ（ポーランド）ぐらいのものだろう。

　"遅れている"といわれる農民の生活と意見を、もっと尊重せよという議論が、その間になかったわけではない。だが大経営の優越性を狂信する人たちは、つまり農民を小所有者として尊重すればよいんでしょう、というぐらいの理解しか示さない。そして共同経営をつくるに際して、役畜や農機具の

第1章　既存農業経営学の理論的検討

出資に対しては代価を支払うことを約束し、土地出資に対しては土地配当の支払いを約束しさえすればすむ、という程度のことしか考えない。

その程度の理解でも、まったくないよりは、ある方が、はるかにましには違いない。第二次世界大戦後、いわゆる"東ヨーロッパ"の諸国に、農民を小所有者として尊重する趣旨の生産農協＝共同経営が生まれたことの意義は、高く評価してよい。しかし、それだけでは、マジャール（ハンガリ）の協同組合研究所員シモーが『或る実験から終りまで』と題する報告にも強調しているとおり、〔小農は〈生産〉農協に加入することによって、所有者の名義をもっているとはいえ、〈経営上の〉決定権を他人〈選挙された管理者〉にゆだねている。この変化こそが基本的なのである。農協において各人は、分業に基づいて作業を分担し、組合の成果は彼の仕事だけにかかわるものではない。実際、彼個人がすぐれた仕事をしても、全体の成果が悪かったり、まずい仕事をしても、全体の成果が良かったりすることが、よくあるのである。〕（『のびゆく農業395』1973年、12p、訳者は阪本楠彦）ということを見落としていることになるのだ。

論者の中には、共同経営の有利性を"証明"するに際して、"共同でやっても各個人でやっているときと同様にベストを尽くす"という前提を、暗黙のうちにおいているのがあるが、それでは話にならない。論者が"遅れている"とあざける対象にしている農民たちは、まさにその暗黙の前提こそを、疑っているのだ。そしてその前提は崩れる公算が大であり、崩れた場合、なお共同経営の有利性が残るとは信じていないのだ。

もちろん、みんなが心を一つにして働けば、それなりの成果が得られるはずの共同経営で、各人が勝手気ままに行動したがる場合、それを"遅れている"と批判することは許されよう。だが、誰が誰に比べて遅れているのかが、問題である。農民が労働者に比べて遅れているといいたがる人々がとかくいるようだが、私は承服できない。現存する人間が、理想としたい人間像に比べて遅れている、といい直してほしいのである。」[27]

マルクス経済学者の主流が、機械化・化学化の進展により、大規模経営が

効率を発揮するため、資本主義経済の発展によって、小農経営は消滅するとした主張は、阪本楠彦氏によって見事に否定されている。この理由を、帝国主義段階にある後発資本主義国のゆがみと見るわけにはゆかないからである。

但し、阪本楠彦氏は、この本の注記の中で「以下、本書中で私は小経営優越論者の主張に耳を傾けるべきだと、くりかえし書くけれども、私自身は小経営優越論者ではないことを、あらかじめお断りしておきたい。」[28]と述べているが、その理由は述べていない。

そして、小農論者であった横井時敬氏を大経営優越論者に対するよりも、さらに厳しく批判している。しかし、その論点は明確ではなく、横井時敬氏を高く評価している私としては、大変気になるところである。

第3節　生産構造論的農業経営学批判

すでに述べたように、戦後の日本の農業経営研究に対する接近方法は、生産構造論的農業経営学が主流であった。しかし、それだけでは農政が求める「あるべき姿」の経営方式の提示や農業経営構造の改革を行うことは困難であった。これまで大学や農業試験研究機関では管理論的な色彩が強い生産経済論（意思決定論）を積極的に導入したが、金沢氏はこれを「主体なき管理技術論」と厳しく断罪している。

金沢氏は、このようなアメリカの技術的カテゴリー（営利追求一辺倒）の経営管理論を、社会的側面である生産力あるいは生産関係視点が欠けていると批判し、マックス・ウエーバーを引用して個別経済における経営主体の社会的側面を象徴するエートス（倫理）の重要性を強調している。

金沢氏が主張するエートスとは、「ウエーバーはベンジャミン・フランクリンの自伝をしばしば引用する。周知のように、フランクリンの道徳的教訓はきわめて功利的な色彩を帯びている。彼の美徳は営利と結びつき、正直は信用をもたらす故に美徳であり、勤勉も質素も利益と結びつく故に有益である。有益であるから道徳は美徳である。……彼（フランクリン）において

第1章 既存農業経営学の理論的検討

は合理的なプラグマティックな生活規範が、プロテスタンティズムの倫理を通して、その職業観となっているのであり、職業としての義務感使命感と結びついているのであって、ウエーバーがフランクリンを評価するのもこの点である。」29) と述べている。

金沢氏は、プロテスタント教徒は主観的には営利それ自体を尊重することはなかったが、合理的精神が生産力を高め、そこに意図せざる結果として営利の意欲を芽生えさせ、資本主義の精神を助長したことの類縁関係を明らかにすることが、ウエーバーの目的であったと紹介している。

金沢氏は、このような合理的なプロテスタンティズムの倫理はやがて宗教的色彩を脱して、次第に営利心と内面的に深く結合することになり、合理的思考の所産としてのエートスというのは、このような意味においてであると述べている。

しかし、私はこのような解釈では、営利心とエートスとどこが違うかがわからなかった。そこで、改めて、マックス・ウエーバーの著書を吟味することとした。

マックス・ウエーバーはベンジャミン・フランクリンの著書を引用し、「以上のこの文章は、キュルンベルガーが『アメリカ文明の姿』と題する才智と悪意に満ちた書物の中で、ヤンキー主義の所謂信仰告白として嘲笑っているものと同一であるが、この文章を通して彼がわれわれに説教しているものは、ベンジャミン・フランクリンの考え方である。彼の口から明瞭に語られているものが、『資本主義の精神』であるということは、たとえそれがこの『精神』の名によって理解され得べき一切を含んでいないにもせよ、誰人も疑い得ないであろう。……キュルンベルガーの『アメリカ嫌い』は、これらの処世訓を要約して『牛から脂肪をつくり、人からは貨幣をつくる』と罵っているが、我々がこの『吝嗇の哲学』に接して、その顕著な特徴として感ずるものは、信用のできる誠実な人という理想であり、わけても、自分の財産を増加させることを自己目的として努力することが各人の義務であるとの、思想である。まことにこの説教の内容は単なる処世の技術ではなくて、一種独特の

45

『倫理』にほかならず、これを犯すものは愚鈍であるというにとどまらず、一種の義務忘却を犯すものとされているのである。このことはとくに、上述の処世訓における本質をなすものである。ここでは『仕事の才智』のみが教えられているのではない―そうしたものも勿論あるには違いないが―そこには一種の倫理的性格（Ethos）が表明されているのであって、この性格こそが我々の関心を呼び起こすのである。」[30]

この、マックス・ウエーバーの主張からすると、このエートスという概念は営利追求が信仰にまで高められたものと理解すべきと思う。そうすると、エートスとは企業における営利追求の経営理念そのものということになる。

ウエーバーも、経営体が家政共同体（世帯としての家族）から次第に分離してゆく過程を近代ヨーロッパの経営の決定的な特徴であるとみなしているが、「経営」と「家政」は基本的にどこが違うのか。ウエーバーの家政に対する理解は特徴的であって、家政とは技術的に持続的な性格をもたない行為であると言っている。つまり、経営とは持続的な有目的行為であって、そもそも技術的な関連を本質的な規定としているのに対し、家政は断続的であり、特に技術的には持続的な性格は持たない行為であるところに家政の特徴があるとしている。したがって、「経営」が家業という姿をとって家政と深く結びついている場合は、それは合理的な経営にとっては邪魔になるとしている。

これまでウエーバーが対象とした「経営」は家業（生業）としての「経営」は含まれず、企業としての「経営」のみを対象としている。

したがってウエーバーがいうところのエートスとは、すでに述べたように禁欲的な生産や生活態度も含めてはいるが、つきつめて言えば営利追求そのものということになる。

結局、金沢夏樹氏は、農業経営を企業と生産構造の二重構造として把握し、企業の営利追及的側面を重視したエートスと、いわば生産力の発展を社会的側面として対置させたのである。

金沢氏が、現実には生産と家計が一体化している家族経営が主流を占めているにもかかわらず、ウエーバーの企業におけるエートスを農業経営の主体

性の証としたことは、疑問に思う。

　金沢氏が、小農経営論を否定するあまり、資本主義経済が深化するに従って家族農業経営であっても企業的に行動するとして、企業の社会的側面としてエートスだけを問題にしたことは納得できない。すでに検討してきたように、収益性の追求理念とエートスとは同一のものだからである。

　しかし、これまで検討したように、現実の家族経営においては、生産と生活、すなわち生産と家計が一体化しているとはいえ、収益追求を最優先する企業的行動をとる家族経営と、環境と生活保全を最優先する生業的家族経営のように、行動パターンが異なる家族経営が混在していることも事実である。金沢氏は、収益追求行動を優先する家族経営を、企業的経営として認知しているようだが、生業的家族経営は現実に存在していても、生産力が低いのでやがて消えゆくものとして、担い手としては認知していないようである。

　金儲けすることが農業経営者の主体性を意味すると考えていいのだろうか。農業生産活動に際し、金儲けの前に人間としての生き方が優先することはないのであろうか。

第4節　生態系に配慮した生態的農業経営論の必要性

1．農業経営の担い手は生業的家族経営

　21世紀に突入しているにもかかわらず、今もなお小農範疇に属する生業としての家族経営がヨーロッパや日本も含めて世界的に主流を占めているのはなぜか。

　それは高度に発展した資本主義経済が農業を包摂しきれなかったためである思う。具体的には、機械化などのいわゆる近代化政策によって、農民層の大半を都市向け労働者に分解はしたが、自然環境の制約により上向発展は制約され、小農範疇の家族経営にとどまらせたからである。

　にもかかわらず、資本が市場経済システムに農業経営を包摂しようとする限り、小農のままでは市場競争で生き残るのは困難なので、企業経営のよう

な経済合理性を追求する経営体であってほしいという願いから、農業経営行動のあるべき姿として企業仮説が採用されたのであろう。

しかし、小農が高度に発展した資本主義経済段階でも両極分解せず、上層農が依然として家族経営段階にとどまっているのは、マルクスが想定したように資本主義は農業を包摂しようとしたが、できなかったことを意味しているのではなかろうか。

資本主義は何故農業経営を企業化しきれなかったのであろうか。それは農業における自然環境の働きに対応しきれなかったことにあると思う。

岩崎徹氏は、農業と工業との本質的差異として、「農業は、生命体を生産するのみならず、労働対象も自然（太陽、空気、大地・水）そのものを利用する。これらの自然は、単なる生産手段ではなく、トータルな自然、日本では『風土』と呼ばれてきたものである。農業の持続的生産のためには、風土という自然全体の循環を必須とする」[31]と主張しているが、全く同感である。

企業サイドとしても、企業が実際に農業経営に乗り出そうとする場合、土地利用型農業においては農地集積が困難であるばかりでなく、自然条件に規定された資本回転率の悪さと豊凶変動、そして、生産要素市場の価格高騰などにより、多額の投下資本がリスクや不確実性にさらされる。また、農産物価格が高騰すると、それは都市労働者の家計を直撃し、賃金上昇を促すことになるので、企業の労賃コストが高まり、収益性を低下させる。企業に投資している資本家の意向を代表する政府は、すぐに輸入に踏み切り、農産物価格の抑制に動き、国内農業における農企業としての資本家的経営の道を閉ざしつつ、規模拡大による企業的農業を展開しなさいという矛盾した政策を実施している。

さらに、より本質的な問題は、企業経営において、経営者は雇用された労働者を駆使して土壌、作物、そして家畜と対話して農業生産をすることができるのかどうかである。つまり、工業とは異なり、生命を育む農業においては、経営者が農場全体を詳細に把握していなければ、不測の事態を招きやすいということである。経営者がいくらマニュアルに沿って指示を出しても、

第1章　既存農業経営学の理論的検討

現実の気象条件などではマニュアルにはない想定外の事態が発生し、現場を担当する労働者は対処しきれないのが実態ではなかろうか。経営者が自ら筋肉労働にも従事していなければ、適切な指示が出せないのである。そうなると、経営者が農場全体を把握できる規模は限られ、結局、生業としての小農経営が保護農政の下で、市場経済システムの枠からはみ出した形で生き残ったのではなかろうか。農業は部門や作業を工業のように分断し、その再結合を分業と協業で統合することはできないのである。

しかも、農民層が両極分解したはずのイギリスでも、現在では家族経営が依然として重要な位置にある[32]。

農業経営者は、自然条件の変動に対応し、市場動向をにらみながら部門編制や投下労働を生活も含めて家業全体として調整し、ある局面では市場からの搾取に対抗して自給部門のウエートを高めようとする意思決定すら行ってきたとみるべきであろう。このことは自給経済が市場経済からの搾取（独占による売り惜しみ・買い叩き）に対抗する手段として重要性を有していることを完全に見落としてきたことを示している。家畜の飼料の大半をアメリカの穀物に依存しているため、円安ドル高による為替相場の変動、国際紛争による石油価格の高騰、さらには穀物相場の高騰に付け込んだヘッジファンドによる投機などで高い価格の配合飼料や機械を買わざるを得なくなっているのである。このことが酪農経営を圧迫するので、政府は乳価を少しずつ引き上げているが、牛乳生産量が低下してバターなどの乳製品が不足すると、直ちに乳製品を輸入してその価格が高騰しないようにセーブしている。原料乳価を引き上げても、それ以上に飼料穀物価格が上昇すれば、お手上げである。

このような小農経営においては、市場経済の深化に伴いかつての小商品段階の家族労作経営よりも機械施設装備は高度化し、資本の有機的構成は格段に高まってはいるものの、生産と生活が一体化した「生業」としての性格に本質的な変化はない。しかし、先に述べたように、資本の有機的構成の高度化は、家族経営を収益追求行動に駆り立てるが、そのことが自然環境や地域社会の保全と矛盾を来し、農業・農村の危機を招いているのが実態であろう。

しかも、市場経済システムを前提としてきたこれまでの生産構造論的農業経営学的接近に基づく農政の大規模化路線は、多数の農家を切り捨てる一方で、自然との調和を無視した機械化・施設化・化学化・GM化を推進し、環境に負荷を与え、農産物における食の安全を脅かし、過疎化を促進して農村を荒廃化させているのである。

　結局、玉野井芳郎氏が提唱したように、「市場経済や商品経済をもっぱら対象とする経済学を『狭義の経済学』とすれば、市場経済を前提としない『非経済領域』をも対象とするのが『広義の経済学』として、『これからの経済学は、社会の生産と消費の関連をこれまでのように商品形態または市場の枠内でのみとらえることをやめ、改めて自然・生態系と関連させて、したがって広義の物質代謝の過程としてとらえ直さねばならなくなってきた』」[33)]という主張に、真剣に耳を傾ける時期を迎えていると思う。このように考えると、生業的家族経営の農業経営学は、「非経済的領域」を含むので、玉野井氏が主張する「広義の経済学」に近似しているといえよう。

　同時に、このような玉野井氏の主張はE・F・シュマッハーの『メタ（超）』経済学と見事に一致している。

　彼は、経済学が他の科学の分野にまで越境し、破壊的行動を行っていることについて、「経済学は、"所与"の環境の内部では正当かつ有効に運用されるが、環境そのものは経済計算のまったく圏外にある。経済学は自分自身の足では立っておらず、『超（メタ）』経済学（エコノミックス）から思想を"奪われた"肉体なようなものである。もし、経済学者が『超』経済学を研究せず、さらに悪いことには、経済計算の適用には限界のある事実を知らないままでいるならば、聖書を引用して物理学の問題を解決しようと試みた中世の理論家と同じような誤りに陥ることになろう。

　すべての科学はその正当な範囲内では有益であるが、その範囲を超えるや否や害悪を与え、破壊的なものとなる。

　経済学という科学は『他の科学の領域を侵害しがちな性質』がある。百五十年前に、エドワード・コップルストンがそうした危険を指摘した当時

より、今日の方がはるかに、そうした傾向が強まっている。それは妬みとか貪欲とかの性質を非常に強く駆り立てるものだからである。専門家である経済学者がその限界を理解し、明確にする必要がますます高まっており、それは『超』経済学を理解することにほかならない。

では『超』経済学とはいったいなにか。経済学が環境の中にある人間を取り扱うときには、『超』経済学は二つの部分、つまり人間を取り扱う部分と環境を取り扱う部分とから成り立っていることを理解しなければならない。言い換えれば、経済学は人間の研究からその目標と目的を引き出すと同時に、少なくとも自然の研究からその方法論の主眼を引き出さなければならない。」[34]

シュマッハーの指摘は、人間が農業生産を経済的合理性のみで追求することの危険性を指摘し、人間が自然環境の保全を前提に生存していることから、自然環境を保全する活動が経済活動よりも優先することを説いている。

暉峻淑子氏は、ガルブレイスの著書を引用し、「カゴの中のリスが車輪を回し続けるように、政治も経済もが、効率のための効率を求めて走り続けるなら、人間の理性に代わって、自然が人間を告発し、報復するだろう」[35]と予言しているが、まさに昨今の異常気象はそのことを立証している。

2．生態系に配慮した農業経営のジャスト・プロポーション

これまでの検討結果に基づいて農家のための農業経営論を考えた場合、まず何よりも大切なことは、農業経営学を農業経済学からの呪縛から解き放ち、農家が主体的に自分の生き方を農業経営に反映できる学問体系を構築することではなかろうか。

これまでの農業経営学は、営利追求を第一とする企業家、そして企業的に行動する農家を育成する立場に立ってきた。しかし、現実の農業の担い手は企業とは違い、生産と生活が一体化した家族経営であり、その営農活動においては、すでに繰り返し強調してきたように営利追求のみが行動規範になっているわけではない。家族経営の経営者が経営上の意思決定をする場合には、

横井氏が主張するように市場原理である「営利」の追求だけではなく、非資本主義的原理にも規定されている。家族経営であっても、農業経営の行動を企業と仮定すると、「営利」のみの追求となり、非資本主義的原理である「人間としての暮らし」の側面が欠落する。

しかし、「人間としての暮らし」は経済学的接近にはなじまないということで、これまでの経済学や農業経営学では無視され続けてきた。

農村社会や地域社会が崩壊しつつある今日ですら、農業経営の企業的行動仮説は棄却されていない。しかし、これまでの農業経営学の目標が収益性の追求に重点を置く資本型家族経営の確立にあるとすれば、それは今もって実現していないのではなかろうか。

一方は、農業を生業と考え、生活を重視してきたいわば労働型ともいうべき家族経営が、これまでの農政に疑問を持ち、主体的に農業経営のあり方を追求する農家群として出現してきたのである。彼らは、自然と暮らしを優先した新しい農業経営の姿を、自分たちで構築してきたのである。根室地域に誕生した三友盛行氏を中心とするマイペース酪農のグループがそれである。彼らは自ら経営思想を編み出し、新しい家族農業経営論を生み出している。彼らは、自分たちの農業経営のあり方として、適正比例に基づく適正規模の確立を追求し、成果を上げている。すなわち、生業的経営におけるジャスト・プロポーションの追求である。

ジャスト・プロポーションに関する理論的整理は、稲本志良氏[36]によれば、次のとおりである。まず、この理論の先駆けとしてイギリスのアーサー・ヤングをあげることができる。彼は、イギリス古典派農業経済学における適正比例説の流れを汲み、その具体的内容は「農場内部の各部門の間に、また、経営手段の間に適正比例を実現することによって、可及的大なる収益（profit）を獲得し得ることを主張している。そして、このような農場内部の部門間、経営手段間における適正比例は、大規模な農場において初めて可能であると主張していることから、ヤングは、しばしば大農論者として位置づけがなされている。このヤングの適正比例説の重要な前提条件を指摘すると、一つは、

それが当時のイギリスにおける借地大農場＝利益追求を目的とする資本家的企業を、二つには、4圃輪栽式による牛の飼養を行う有畜農業を主眼としているという点である。」37)

したがって、ヤングのいわゆるジャスト・プロポーション説は、地力維持を最優先する重農主義の制約の下で、部門間や経営手段の合理的な結合方式のあり方を追及すると、結果として大きな面積と資本規模が必要になり、それが生産要素の適正比例を表現する適正規模だという論理であった。このヤングの適正比例は、アメリカのテーラー（H. C. Taylor）に引き継がれ、収穫逓減の法則を前提とした限界分析に基づいて、最適規模と最適集約度を決定する論理に発展した。

最後に、この適正経営規模論を生産関数理論として集大成したのはヘディーとジョンソン等である。彼らの業績を簡単に紹介すると、「ここではいずれの場合でも、比率と規模が関数関係として統一的に生産関数の中に、したがってまた、費用曲線の中に位置づけされ、最適比率、最適規模は所与の生産物・生産要素市場条件のもとにおける収益極大化目標を達成するように、同時的に決定される」38)とした。

ここでもう一度、ヤングの適正比例の前提条件を確認すると、ヤングは企業経営を想定しており、生業的家族経営、いわば家族経営は想定していない。

さらに、ヤングのジャスト・プロポーション説は、アメリカに渡った時点で、いつの間にか重農主義的な地力維持が切り捨てられ、収益極大化行動のみが想定されている。

生業的家族経営の適正比例は、横井時敬氏が合関率（Low of Combination）と命名し、その内容として、「……、畢竟農業なるものは、各要素が有機的に結合せられて、一定の目的のために、合関的活動をなすものなるを思はば、この如きの敢えて怪しむに足らざるもの足るを了解すべきである。」39)と述べている。

横井氏は、小農（生業的家族経営）は企業ではないので、アーサー・ヤングのジャスト・プロポーションは採用しておらず、生活などの非資本主義的

原理を含めた農業経営のトータルバランスに配慮した合関率というジャスト・プロポーションを提案している。横井氏の合関率に関する考え方を若干紹介すると、「余は近頃合関率と余が名づけん欲する定率につき研究を始めた最少養分率なるものは、リービッヒの発見であって、其応用は独り養分につきてのみでなく、作物の成長に関する各要素にまでも及ぼすことができる。若しもさらに研究を進めたならば、農業経営における各要素にも波及して応用することが出来るであろうと思う。されば比率は養分の二字を除きて、最小率といひたいものであって、既に左様に用ふる人もある。カルソー教授は共著農業経済学において比例率なるものを論じている。農業の要素は各々適当なる比例を以て配合せられるを必要とするといふのである」[40)]と述べ、経営要素の結合関係は要素間の相互依存関係によって成り立っている有機的組織と捉えることを提唱している。

　小農は、企業のように直ちに収益極大化行動はとらないので、アメリカの企業的農業経営管理論に基づくジャスト・プロポーション理論、つまり、最適規模論と最適集約度論を問題にするわけにはいかないという意味であろう。

　したがって、横井氏が指摘した新しい視点、すなわち生業的家族経営を前提とした新たなジャスト・プロポーション、つまり合関率に基づく適正比例論が必要なのである。この新しいジャスト・プロポーションを採用しているのが、三友盛行氏である。

注
1) 北海道立北見農業試験場『北見農業試験場70年の歩み』1979年を参照。
2) 柏久「第一章　農業経営の目標と理念」長憲次編『農業経営研究の課題と方向』日本経済評論社、1993年、pp.72〜74。
3) 東畑精一『日本農業の展開過程』岩波書店、1936年を参照。
4) 金沢夏樹編『農業経営学講座1　農業経営学の体系』地球社、1978年を参照。
5) 同上書、p.142。
6) 同上書、pp.149〜150。
7) 横井時敬『第壹農業時論　農村行脚三十年』(『明治大正農政経済名著集』17)農山漁村文化協会、1976年を参照。

第 1 章　既存農業経営学の理論的検討

8）盛田清秀「農業経営学における企業形態論の展開」日本農業経営学会編『農業経営の規模と企業形態』農林統計出版、2014年を参照。
9）金沢前掲書、pp.444〜451。
10）横井時敬『小農に関する研究』東京丸善株式会社、1927年の緒言を参照。
11）同上書p.8。
12）同上書pp.65〜66。
13）同上書pp.60〜61。
14）同上書p.61。
15）同上書pp.9〜10。
16）金沢前掲書、p.452。
17）守田志郎『農法―豊かな農業への接近』農山漁村文化協会、1972年、pp.179〜180。
18）同上書pp.181〜184。
19）同上書p.184。
20）同上書pp.186〜188。
21）同上書p.190。
22）同上書pp.190〜198。
23）同上書p.232。
24）大内力「農民層の分解にかんする一試論」『昭和後期農業問題論集3　農民層分解論Ⅰ』農山漁村文化協会、1985年、pp.155〜156。
25）大内力『農業の基本価値』株式会社創森社、2008年、pp.134〜135。
26）大内力『農業の基本価値』株式会社創森社、2008年を参照。
27）同上書pp.303〜304。
28）同上書p.9の注。
29）金沢前掲書p.15。
30）マックス・ウェーバー著、梶山力訳、安藤英治編『プロテスタンティズムの倫理と資本主義の《精神》』未來社、1994、p.91。
31）岩崎徹「農業経済学の根本問題―農業経済学の方法と小農概念の再検討―」札幌大学『経済と経営』第45巻第2号、2015年を参照。
32）ジョン・マーチン『現代イギリス農業の成立と農政』筑波書房、2002年を参照。
33）玉野井芳郎著、鶴見和子・新崎盛暉編『玉野井芳郎著作集3　地域主義からの出発』学陽書房、1990年を参照。
34）E・F・シュマッハー著、斎藤志郎訳『人間復興の経済学　Small is Beautiful』佑学社、1976、p.35。
35）暉峻淑子『豊かさとは何か』岩波新書85、1997、p.71。
36）稲本志良「第2章　経営規模論の展開」菊地泰次編『農業経営学講座4　農業経営の規模・集約度論』地球社、1985年を参照。

37）同上書p.20。
38）同上書pp.73〜74。
39）横井時敬『横井博士全集　第参巻』東京大日本農會編纂、1924〜25年、p.8。
40）同上書pp.3〜4。

第2章

新しい家族農業経営論の登場

第1節　三友盛行氏の酪農経営

　これまでの市場経済を前提とした農業経営論に対し、ついに農民の側からの農業経営論が提起された。その農民とは、北海道の代表的草地型酪農地帯である根釧酪農地帯の中標津町で酪農を営む三友盛行氏である。彼は、農業の担い手は企業ではない、生業であると明言している。

　三友氏は、自らが実践している酪農を素材に『マイペース酪農』[1]というタイトルの農民経営論の著作を世に問うた人物である。その内容は、後ほど詳しく検討するが「風土に生かされた適正規模」という副題に提示されているように、経済効率よりも自然との調和を最優先した農業経営論となっている。私としては、これまでの市場経済を前提とした農業経営学は、実は狭義の経済学の一分化科学にすぎないと考えていたが、三友氏の場合は明らかに自然との調和を優先した経営論理になっている。この理論は、従来までの狭義の経済学の領域ではとらえきれない新しい農業経営理論としての領域を確立している。

1．三友盛行氏の入植経過

　まず最初に、三友氏が中標津町に入植した経緯を紹介しよう。氏は、1945年に東京都台東区浅草の鍛冶屋の息子として生を受けた、いわば生粋の「江戸っ子」である。彼は幼いころから家業の影響を受け、職人気質を受け継い

でいたが、植物や動物を生産したり育てたりする農業者に職人気質を見出し、将来は農業の道に進もうと決意した。そのためには農業大学に進学しなければならないと考え、都立の進学校に入学した。しかし、自分の生き方としての農業を模索するうちに、大学に入学して農業を理論的に学ぶよりも、直接農業の現場に飛び込み、体験を通して農業そのものを知り、できれば農民になるチャンスをつかみたいと考えた。そこで高校卒業後直ちにアルバイトでためた資金で中古の軽自動車を購入し、日本各地の農家で住込み実習するための旅に出たのである。その最終地点の実習先であった別海町の根釧パイロット・ファームでは2年間の実習を行ったが、その風土に感激し、好きになった。そこで、中標津町役場が国の事業である春別地区開拓パイロット事業で新規就農者を募集していることを知り、直ちに応募した。

　彼はなぜ、酪農の開拓者になろうとしたのであろうか。その時の心境を、彼は次のように語っている。「僕は東京から北海道に来た時、百姓あるいは農民になろうと思ってきた。酪農をめざしたので酪農民が目標だった。つまり、土と親しんで精いっぱい努力して、精一杯生きていく。人間として農民になりたいと思った。この時、酪農家になろうという気持ちはなかった。酪農家とは、経済行為によって、収益性を上げなければならないというイメージがあったため、僕のイメージとは異なる。あくまでも農を営む酪農民であることを貫きたい。この考え方は、今日まで一貫している」。

　この彼の言葉には、少し説明が必要である。江戸っ子の彼が農民になりたいと思ったのは、彼の祖父母が農村に住んでおり、幼いころに夏休みで遊びに行った時にその自然環境に慣れ親しみ、農村での生活を夢見るようになったからである。

　開拓パイロット事業への入植資格には妻帯者であることが条件となっていたので、直ちに東京に戻り、幼なじみであった由美子さんと結婚し、入植準備として中標津町の公共育成牧場の管理人と賄い婦として夫婦で住み込んで働いた。同時に、給与の代わりに育成牛11頭を牧場で育ててもらった。その1年後の1968年に、妊娠中の由美子さんと孕み牛11頭、そして由美子さんが

東京から連れてきた犬を連れて、現住所の中標津町俵橋地区に新規入植した。その孕み牛11頭の資産価値をもう一つの入植資格であった300万円の携行資金のうちの200万円相当分として認めてもらい、実習で稼いだ100万円と併せて入植資格をクリアしたのである。

　三友氏は原野に入植したのであるから、入植時には雑木を取り除き、明渠・暗渠の敷設をしなければならないなど、草地造成には大変な苦労をした。それに牛乳生産のための機械・施設を整えてスタートし、その後も規模拡大のための投資を繰り返し、40頭の搾乳体制になった時には農業負債は4,500万円にもなっていた。この金額は、当時、同時並行的に進行していた別海町の新酪農村建設事業の農地52ha、搾乳牛50頭、5,000万円の建売牧場とほぼ同程度のものであった。

　入植して10年ほどは、頭数規模を拡大して一日も早く一人前の牛飼いになりたいと願い、負債償還のためにひたすら働いた。しかし、頭数規模が拡大すると、牛が増えた分だけ資産は大きくなるものの、使える現金は少なく追加投資のための負債がかさむ一方であり、子育てと重なり、経済的にも労働的にも厳しい経営状況にあった。しかし、収入に応じた生活を心がけ、飼養頭数規模拡大を急がなかったので、生活面ではある程度ゆとりを持って過ごすことができた。ただし、飼養頭数の自然増加に対応した草地面積の増加が追い付かず、飼料不足が続いたため、牛のひもじさを訴える鳴き声を聞いてこれは本来的な家畜飼養のあり方ではないと気づかされた。

　そのような試行錯誤を繰り返しながら、地域の古老の農業経営に学び、根室原野では夏期間は放牧を主体とした飼い方が、そして冬期間は乾草を主体とした飼い方が基本であり、成牛換算1頭につき、1haの草地が必要であるということを確信するようになった。

　そして入植以来の規模拡大の過程の中で、風土や生き物である乳牛が決して自分の思うようにはならないことを体験し、農場の主人公は「土と草と牛」であり、自分はその助け手にすぎないということを自覚したのである。

　その自覚とは、風土、いわば地域の自然と対決するのではなく、その風土

をそっくり受け入れて順応することであり、乳牛の飼養も家畜化される以前の原点に立ち戻って快適に過ごせる環境条件を整えること、そして生活も含めた農場全体のバランスを実現することであった。

この間、三友氏は乾草づくりに苦労し、仕上げる前に雨に当てた経験は数知れなかった。その度ごとに、自然をあるがままに受け入れることができず迷っていたが、試行錯誤を続けているうちに、自然を全面的に受け入れることができるようになった。

1969年の入植時の目標であった成牛24頭は1976年に達成し、1977年には牛舎を継ぎ足して成牛40頭規模の牛舎とした。

成牛40頭規模に達すると大きな岐路に立たせられることとなる。それは負債償還のためにさらに規模を拡大するのか、あるいは立ち止まり規模拡大によらず経営内容を見直して営農の習熟に努めるのかの選択であった。大方の酪農家は規模拡大を選択したが、1987年に成牛40頭段階に到達した三友氏は立ち止まって、営農の習熟を選んだのである。

その習熟の中身として三友氏は、「40haで40頭、つまり1haで1頭の規模に達した時点では、無我夢中で来たので、40haで40頭という世界の可能性を十分に引き出すことができなかった。しかし、この同じ世界を持続していけば、去年出来なかったけれど今年はここを改善しよう、次の年はここを改善してみようということで、仕事の中身が濃くなっていく。そうすると、頭数規模は大きくしなくても、経営的に経費が少なくなって健全化し、利益率は高まる。だから、同じ規模でも利益は拡大していることになる。これは経験である。私は経験の積み重ねを習熟といっている」[2]と述べている。この習熟とは、一般経営学の経営管理論でいうところの経験曲線による学習効果と一致している。この習熟を通じて、三友氏は酪農に対する考え方だけでなく、草地も牛も内容的に充実させていったのである。この経過については、後に詳しく検討する。

このような経験を経て、三友氏は放牧を中心とした家族労働による酪農経営の適正比例（ジャスト・プロポーション）を確立し、ゆとりある暮らしと

経営を実現してきたのである。

　三友氏が言うところの適正比例とは、あくまでも風土に規定された草地1haにつき成牛換算1頭を意味するものであり、乳牛にとって合理性をもった草地と乳牛の結合単位を意味している。したがって、経営総体としての成牛頭数規模を意味するものではない。経営総体としての適正成牛頭数規模は、経営者夫妻の考え方、家族労働力の人数や年齢、そして草地面積の大きさと自然的条件によって異なり、農家個々によっても異なる。しかし、草地と乳牛との結合関係は不変である。

２．三友農場の経営構造

（１）経営規模

　三友氏は、この適正比例に基づいて、利用可能な土地面積と家族労働力の状況に応じて乳牛の飼養頭数規模を決定している。その際に基本となるのは、牛ができる限りストレスのない生育環境を整えることである。そのためには粗飼料の選択と農地との関係が重要になり、放牧専用地と兼用草地（一番草は採草、二番草は放牧）の割合が決定される。次に、農地面積規模や家族労働力の事情に応じて飼養頭数規模が自ずと決定される。

　労働力規模について三友氏は、現在の農家経営の場合には夫婦二人の労働力が基本であり、対等なパートナーシップで結合された夫婦共同経営であると考えて実践している。その夫婦の労働は、生産労働と家事労働のトータルとして把握され、過重にならない範囲で頭数規模が決定される。その際、妻が育児や家事労働に手間がかかる場合には、妻が分担する生産労働、とりわけ朝晩の搾乳労働時間は夫婦間の合意で軽減される。

　さて、夫婦二人の限界飼養頭数規模は、体力に余裕がある40歳代までは、乳牛の管理様式がタイストール（つなぎ）方式であれば、搾乳牛40頭規模が上限規模となる。それは1回の搾乳労働時間が1人1.5時間以上を超えると、生理的に苦痛になるからである。ただし、妻がお産した時など、夫が一人で搾乳できる、いわば生理限界ともいうべき規模は30頭である。通常は夫婦2

人でミルカー1人2台を扱うとして1人20頭、1時間が限度であろう。50歳代以降は体力が落ちてくるので、夫婦二人の労働力でも搾乳頭数規模は30頭規模以下に縮小して調整すれば良いことになる。

　三友氏がタイストール方式（スタンチョン）を選択した理由は、次の通りである。

　①経営者は経営要素である乳牛、牧草、土壌のすべてと対話しなければならないため、大規模化するとその対話が不十分になること、②糞尿の処理と良質堆肥の造成に難があること、③牛が常に糞尿の上に立ったり座ったりするので蹄腐乱など脚の故障が多くなりやすいこと、④頭数が多くなると本来的な飼養方式である放牧も制約されること、⑤多頭数を飼養すると越冬用粗飼料の調達の際に天候面で適期作業での限界が生じること、⑥パートナーである妻との仕事が給餌・糞出し作業と搾乳作業に分業化せざるを得なくなり、パートナー間の意思の疎通がうまくいかなくなること、⑦タイストール・バンクリーナー方式の方が、糞と尿が分離でき良い堆肥を作ることが可能であること、そして⑧牛舎の資金回収がまだ終わっていないこと等である。

　タイストール方式で、1968年に入植して21年目の1987年に、目標である搾乳牛40頭段階に到達したので、その後は頭数規模拡大を停止し、すでに述べたような習熟段階に移行した。この時に入植時の草地40haに加えて、増反地8haを入手し、ほぼ成牛1頭1haを実現する基盤を整えることができた。そこで、育成舎の設置、パイプラインの導入、バーンクリーナーの設置、そして4台目になるトラクターを購入してトラクター4台編成体系を実現し、成牛40頭規模のマイペース酪農技術体系を完成させた。2014年時点での経営面積は60ha、うち放牧地25ha、採草放牧兼用地25ha、残りは庭園・防風林である。

（2）技術構造

　成牛換算1頭に対して草地1ha、そして夫婦二人の家族労働力で最大搾乳牛40頭規模に到達した農業経営の技術構造は、次の通りである。

飼養管理技術は、牛本来にストレスを与えない飼養方式である夏期間（5月10日〜11月30日）の昼夜放牧をし、冬期間は乾草を給与し舎飼いを行う。舎飼い様式は、スタンチョンのタイストールで、搾乳はパイプライン、糞出しはバーンクリーナーである。越冬飼料は乾草を飽食させる。そして、乾草の喰い残しが敷料となる。この敷料と糞が混ざり合って堆肥場に導かれ、フロントローダーで切返されて、完熟堆肥となる。一方、バーンクリーナーで分離された尿は、尿溜に導かれて、曝気して熟成させ、草地に散布する。

　乾草の刈取り時期は、栄養価の高い出穂期に刈り取るサイレージ用とは異なり、乾物量が多くなる開花期以降の結実期となる。栄養が不足する分は、配合飼料で補うが、一般的な高泌乳農家は搾乳牛1頭当たりの給与量を年間3トン給与するのに対し、マイペース酪農を実践しているマイペース酪農交流会のメンバーでは年間1トンの給与にとどまっている。三友農場は330kgと、さらに少なくなっている。放牧期間は給与せず、舎飼い期だけ給与するのであるが、高泌乳を目的とした給与ではなく、牛自体のペースに合わせて不足する部分を補うためである。同様に粗飼料の補てん飼料としてのビートパルプの給与も高泌乳農家の40％程度の給与と少なくなっている。

　乾草の収穫機械体系は、一般農家と変わらない。トラクターによるモーア、テッター、レーキ、ロールベーラの体系である。乾草の適期収穫期間は限定されているので、そのシーズン中は故障対策のため、もう一セットを予備として確保している。したがってトラクターは現在6台所有している。

　三友氏が乾草にこだわるのは、牛の生理に最も適合している基礎飼料であるため病気や体力低下時に対応できることである。しかし、乾草調製は人間の力ではどうしようもない天候に左右される。根室の気候条件では、乾草調製時には雨に当たる可能性が大きい。雨に当てると乾草の栄養価が落ちてしまうし、調製の手間もかかるが、牛の生理と敷料に使う必要があるので不可欠である。栄養が少ないのであれば、乳量が落ちるだけであって、それを酪農家がやむを得ないものとして受け止めればよいという考え方である。

　それゆえに天候と真剣に向かい合うことが必要になるので、それが酪農家

としての心構えを涵養すると指摘している。

　三友氏が乾草を生産しているにも関わらず、マイペース酪農交流会メンバーのほとんどがラップサイレージを採用している。

　それは、酪農家がおかれた地域の特殊な気象条件や地理的条件から、乾草調製では粗飼料を量的に確保するリスクが大きいため、やむを得ないものとして受け止めている。低水分のラップサイレージは飼料調製のリスクを緩和するとともに、その屑は敷料にもなるからである。しかし、ラップサイレージと乾草とは、すでに述べたように、様々な点で異なるため、三友氏は乾草にこだわりを持っている。したがって、栄養価はやや低下するが、乾草が調製しやすい7月下旬〜8月上旬に収穫作業を行っている。

　草地の維持管理は、放牧と完熟した堆肥と曝気した尿、そして若干の化成肥料とで永年草地として管理をしてきた。しかし、化成肥料を施用した牧草は嗜好性がかなり落ちるので、最近の三友農場では化成肥料を使用していない。また、草地更新は、草地にとって最も大切な微生物層を破壊するということが分かったので行わず、草地を永年的に管理する仕組みを採っている。

　特に放牧による草地の維持管理は、放牧地は放牧専用地であるため、糞尿は直に土壌に還元される。採草地は、一番草のみ乾草とし、二番草は放牧して管理するが収奪が大きくなるので完熟堆肥を投入している。しかも、完熟した堆肥なので、牧草の生育が旺盛な時期である6月に散布できるため、効果的である。一般的な高泌乳酪農家の場合は、配合飼料の投入が多く、未熟堆肥であることから臭いがきつく、6〜7月の散布の一番草は牛が嫌がって受け付けないため、11月以降の越冬前散布にならざるを得ない。堆肥散布には堆肥散布ワゴン、尿散布にはバキュームを使用している。

　三友農場が採用している機械・施設は、トラクターセットやパイプライン・ミルカーやバーンクリーナーなど、工業部門から提供された技術を採用しているが、自然に対抗する技術ではなく、自然に寄り添った技術と評価できる。とりわけ、三友農場の牧草における収穫機械は、一般的な高泌乳酪農家が利用しているTMR用の細切（刻み）サイレージをつくらないため、自走式フ

第2章 新しい家族農業経営論の登場

表2-1 三友農場と根室管内一般酪農家の草地利用の違い

季節	作業	三友農場 時期		根室管内一般酪農経営 時期	
春	追肥	5月5日～	採草地（25ha、20kg/10a）放牧地（25ha）追肥なし	5月1日～	採草地（40ha）40～60kg/10a 放牧地（15ha）20～40kg/10a
	堆肥散布	5月10日～	採草地のみ 完熟堆肥 3t/10a 曝気尿 3t/10a 1年おき 交互に		無し
	分娩	3月～6月中心	季節分娩		年間平均分娩
	放牧	5月10日～5月15日頃から開始	昼夜完全放牧 大牧区粗放式（60a/1頭）育成牛（自家放牧）	5月20日～5月25日頃から開始	昼夜、時間放牧 夜舎飼い 小牧区集約式（30a/1頭）あるいは周年舎飼い 育成牛は町営牧場に入牧
夏	一番草収穫	7月20日～8月5日	乾草のみ	6月20日～7月20日～7月30日頃	サイレージ（40ha）乾草（10ha）
秋	二番草		採草地の二番は放牧	9月	ラップサイレージ（40ha前後）
晩秋	尿散布	10月中	曝気尿散布	10～11月	生糞尿散布
	終牧	11月末		10月初め	

資料：三友盛行『マイペース酪農』p.96 より引用。

オーレージハーベスター、運搬用トラック・トレーラー、そしてタイヤショベルのような重量機械は使用しないので、これらによる踏圧障害が回避できる。このことも、草地の維持管理上有利となっている。

以上述べてきた三友農場における草地利用技術を根室地域の一般酪農家との対比で示すと、**表2-1**のようになる。

ただし、三友農場では、この表では採草地に化成肥料を施用していることになっているが、現在はすでに述べたように施用していない。しかし、マグネシュウム欠乏症対策として草地に熔リンを散布することがある。

（3）収益構造

三友農場は、すでに述べたように技術的な合理性をもつ適正比例を踏まえて適正規模を確定し、その後、農地や家族労働力とその年齢を考慮して、経

営トータルとしての成牛換算飼養頭数規模を確定する。最初から収益を目標とした経営は組み立てていない。要は、適正規模の経営からもたらされる収入にあわせた生活をすればよいという覚悟があるからである。

それでも、三友農場の記録によれば、マイペース酪農を完成させた1981年から1991年までの11年間平均クミカン所得は、1,286万円に達している。このレベルは極めて高い。さらに経営効率をあらわすクミカン所得率と乳代所得率の11年間平均は、それぞれ56.8％、42.1％となり、高い経営効率となっている。

なお、このクミカン所得は従来までの農業経営学でいうところの減価償却費や動産の評価増減を考慮した農業所得とは異なるので注意されたい。クミカンとは農協が組合員の1年分の営農資金を貸し付けるために設けられた口座であり、農協を通した組合員の販売・購買実績がほぼ正確に把握できる現金出納簿になっている。組合員農家が簿記を記帳していなくても、このクミカンを利用して経営分析が可能になる。

なお、所得の大きさを表すクミカン農業所得と乳代所得は次のような手続きで算出される。

農業収入＝農業収入計－家畜共済金－農業雑収入

クミカン農業経営費＝農業支出－労賃

クミカン農業所得＝農業収入－クミカン農業経営費

乳代所得＝乳代－クミカン農業経営費

このような手続きで算出した収益が経営全体として効率的かどうかを計る指標として、次の指標が有効になる。

クミカン農業所得率＝クミカン農業所得/農業収入×100

乳代所得率＝乳代所得/乳代

ただし、すでに述べたように、農協の組合員勘定において把握できない家畜の増減価や、支出における固定資産の減価償却費は、ともに計上されていない。クミカンは、擬制計算を排除する仕組みになっているからである。

クミカン農業所得率は、経営全体の効率を、そして乳代所得率は牛乳生産

の効率を示している。クミカン農業所得率の変動要因は、主として牛乳生産の効率性から、その主要因が把握できる仕組みになっている。これらの経営効率指標は、ともに三友氏が考案した指標である。毎日正確な記録を記帳しなければならない複式簿記は、酪農家にとって大変な苦労を強いられるからである。簡易ではあるが正確なデータを経年的に把握できるメリットがあり、企業経営ではない家族経営の経営分析に有効な指標であると評価したい。生産と家計が一体化している家族経営では、必ずしも企業に擬制した会計方式をとる必要はない。

　一般の農業経営学では、減価償却費を算出して農業所得や所得率を算出しなければ意味がないとしている。しかし、農業所得そのものが経営要素の混合所得であり、所得の内容である労働報酬、資本利子（自己資本）、地代を家族経営のために正確に分離しがたいわけであるから、生業的家族経営の場合、客観的なクミカン数値を利用できるクミカン農業所得やクミカン農業所得率がほぼ経営における経済活動の全貌を把握できると考える。経営を維持していく上で最も大切な指標であるキャッシュフローがクミカンで把握できるからである。

　このようなクミカンによる経営効率指標を用いて、根室管内一般酪農経営と三友農場との違いを比較検討したい。

　そこで、三友農場とできるだけ客観的な比較ができるようにしたのが**表2-2**の試算表である。比較の次元をそろえるため、草地面積を共に50haとし、乳牛の管理様式をタイストールに統一した。同様に比較の次元をそろえるため、経営条件を次のように設定した。

　比較対象となる根室管内一般酪農経営の経営条件は、現状を踏まえて草地50ha、搾乳牛60頭、育成牛40頭、搾乳牛1頭当たり乳量8,000kg、出荷乳量480t、負債4,000万円とする。

　一方、三友農場の経営条件は現実に即して草地50ha、搾乳牛40頭、育成牛20頭、搾乳牛1頭当たり乳量6,000kg、出荷乳量240t、負債1,000万円と設定した。

表2-2　根室管内一般酪農経営と三友農場との経営比較

単位：万円

		根室管内一般酪農経営		三友農場	
農業収入		出荷乳量480t×乳価73円/kg=3,504万	3,504	出荷乳量240t×乳価70円/kg=1,680万	1,680
農業支出	労賃	実習生6ヵ月×15万=90万	90	0	0
	肥料	500a×(50kg+20kg)×60円=210	210	500a×20kg×60円=60万 熔リン150a×1,000円=15万	75
	農薬	ダイオア処理（アージラン）30万	30	0	0
	生産資材	月々10万×12ヵ月=120万	120	月々3万×12ヵ月=36	36
	水道光熱	燃料 軽油15,000l×45円=67万 月々10万×12ヵ月=120万	187	軽油2,000l×45円=9万 月々5万×12ヵ月=60万	69
	飼料	配合60頭×3t×40円/kg=720万 バルプ60頭×500kg×50円=150万 若牛育成40頭×2kg×350日×50円=140万 食塩・ミネラル・その他12ヵ月×5万=60万	1,070	配合40頭×1t×40円/kg=160万 バルプ40頭×200kg×50円=40万 育成10頭×2kg×50×200日=20万 若牛10頭×1kg×50×360日=18万 食塩・ミネラル・その他12ヵ月×1万=12万	250
	蚕畜	人工授精料(60頭+20頭)×1万=80万 その他 20万	100	人工授精料(40頭+10頭)×8,000円=40万 その他 5万	45
	農業共済	100万×20万円×掛け金率10%=200万	200	60頭×15万×6%=54万	54
	資料料金	放牧料 20頭×120日×240円=56万 販売手数料3,504万×2%=70万 牛乳集荷費480t×1.3円/kg=62万 検査料480t×0.12円/kg=6万	194	放牧料なし 販売手数料1,680万×2%=32万 牛乳集荷費240t×1.3円/kg=31万 検査料240t×0.12円/kg=3万 その他 10万	76
	修理	償却費の50%分	150	償却費の50%分	30
	利息	3,000万×10%×50%=150万	120	600万×10%×50%=30万	30
	その他	4,000万×3%=120万	100	1,000万×3%=30万	30
	計	支出合計の4%=100万	2,571	支出合計の4%=26万	26
					691

資料：三友盛行『マイペース酪農』p.18より引用。

さらに、農業収入としては、個体販売は淘汰・廃用牛や初妊牛の割合が多様性をもつため、一定割合に設定することが困難なので除外し、酪農は搾乳部門が基幹部門なので乳代収入のみとする。その場合、一般酪農経営である高泌乳型酪農経営の乳価は、乳質による価格差があるので、無脂固形分と乳脂肪率を考慮して1kg当たり73円と高めに設定し、三友農場は脂肪率が低いので70円と低めに設定した。さらに、複合部門からの収入や副業収入もそのための費用ともども除外している。ただし、育成牛についてはその費用を農業支出に計上している。

このような条件設定に基づいて、経営収支を算定すると次の通りである。

高泌乳型である根室管内一般酪農経営は、乳代収入が3,504万円、クミカン農業経営費が2,671万円で、乳代所得は833万円、乳代所得率は23.8％となる。

三友農場は、乳代収入が1,680万円、クミカン農業経営費が691万円で、乳代所得は989万円、乳代所得率は58.9％となる。根室酪農においては原料乳生産が主なので、乳代所得率が経営効率を端的に示している。

今回は、農業収入の中には個体販売収入は含めなかったが、もし見込んだとしても高泌乳型は疾病が多いため耐用年数が短く、育成牛を個体販売というよりも更新に充当する方が多くなり、初産妊娠牛の販売による高収入は望めない。一方、三友農場の牛は健康で長生きするので、更新頭数は少なくて済むため、初産の孕み牛として比較的有利に販売することができる。したがって、たとえ個体販売を考慮したクミカン農業所得率でみたとしても、三友農場の優位性は変わらないであろう。

この試算は1999年時点のものであるため、配合飼料が円高ドル安のため現在よりも相対的に安かった時代の価格を使用している。配合飼料価格が相対的に高い今日では、根室管内一般酪農家の経営は、三友農場よりもひっ迫していることは、容易に想像できよう。

しかし、表2-2のデータは1999年の状況を想定しているため、あまりに古いデータであり三友農場の優位性をにわかに信じがたいと思う人もいるであろう。そこで、試算値ではなく2014年時点での経営実態数値による経営収支

表2-3 三友農場(酪農適塾)と慣行酪農との比較(2014年)

項目	三友農場	A農協平均	A農協/適塾
経産牛頭数(頭)	34	79	2.3
出荷乳量(トン)	176	598	3.4
個体乳量(kg)	5,170	7,570	1.5
乳代(万円)	1,610	5,358	3.3
個体販売	746	612	0.8
家畜共済金	0	197	-
雑収入	100	433	1.4
農業収入合計	2,456	6,600	1.7
雇用労賃	0	127	-
肥料費	0	262	-
生産資材	130	241	1.9
水道光熱費	104	412	2.5
購入飼料費	280	2,148	4.0
養畜費	107	311	2.9
家畜共済費	28	210	5.1
賃料料金	87	560	7.5
修理費	80	311	3.9
租税負担	110	210	1.9
支払利息	3	62	20.7
その他	26	108	4.2
農業支出合計(万円)	955	4,962	5.2
農業所得(万円)	1,501	1,638	1.1
農業所得率(%)	61.1	24.8	0.4
乳代所得(万円)	655	396	0.6
乳代所得率(%)	40.7	7.4	0.2
乳飼比(%)	17.4	40.1	2.3
資金返済(万円)	216	500	2.3
資金返済後の農業所得	1,285	1,138	0.9

注:1)A農協は道東の草地酪農地帯に位置する。
　　2)A農協の数値は、2014年の総組合員戸数581戸の平均値である。
　　3)農業所得と農業所得率は、いずれもクミカン農業所得とその所得率である。

比較をしたのが、**表2-3**である。

　三友農場は後に詳しく述べるが、株式会社酪農適塾となり、その部門編成は、農場部門、チーズ部門、研修部門の三つとなる。ここでは農場部門を対象とし、その比較対照として根室管内A農協組合員酪農家581戸の平均値を用いた。因みに、A農協管内の酪農家581戸の平均値には、TMRを採用している大規模酪農家が31戸とマイペース酪農を実践している酪農家8戸が含まれている。

　この表によると、三友農場の経産牛頭数規模は、A農協管内平均頭数規模

の2分の1であることを念頭に入れてほしい。したがって、個体乳量も少ないことと相まって、農業収入合計ではA農協平均よりも大幅に低くなっている。ただし、個体販売では三友農場がA農協平均よりもやや上回っている。

次に農業支出であるが、最も金額が大きい購入飼料費では、1,868万円もの差があるほか、肥料費、生産資材費、水道光熱費、養畜費、家畜共済費、賃料料金など軒並みに、A農協平均の方が高くなっている。

農業所得（クミカン）では、三友農場が1,501万円であるのに対し、A農協平均は1,638万円とやや高いが、頭数規模が大きく個体乳量水準が高いわりには、それほど農業所得は高くなっていない。農業所得率に至っては、三友農場は61.1％、A農協平均は24.8％と三友農場がA農協平均よりも圧倒的に高い。

しかし、借入金の資金返済は、農業所得から支払わなければならないので、資金返済後の農業所得をみると、三友農場がA農協平均を上回り、実際に使える農業所得、つまり可処分農業所得はついに逆転している。

1999年の経営比較は乳代所得及び所得率のみの比較であったが、2014年の三友農場とA農協平均との実態比較でも、経産牛頭数34頭規模の三友農場が、慣行酪農主体のA農協平均値である経産牛79頭規模を経営効率面でも可処分農業所得面でも上回っていることが実証できる

さらに、三友酪農が採用しているマイペース酪農では、夏期間は放牧を主体としていることから、極めて省力的である。したがって、投下労働時間当たりの労働所得から見れば、三友農場の労働所得は高いものになることが推測できる。三友農場の投下労働時間と時間当たりの農業所得額は、第4章で明らかにしている。

では、三友農場は経産牛頭数規模が小さく、農業収入が少ないにもかかわらず、なぜ所得がその2倍の頭数規模である経営に対して優位性をもつのであろうか。

牛乳生産のコストを占める主要な経費の費目は、飼料費、肥料費、生産資材費、養畜費、農業共済費、賃料料金等であるが、そのすべての面で三友農場は費用節約的であり、資源の利用が効率的だからである。その要因として、

次の点が指摘できる。

　一つは、牛乳生産飼料の多くを放牧に依存しているので、配合飼料コストは著しく軽減される。

　二つは、糞尿を完熟堆肥と爆気尿として利用することにより、化学肥料コストも著しく軽減される。2014年時点では0になっている。

　三つは、草地にゆとりがあるので、育成牛を公共育成牧場に預託しなくて済むため、預託経費が節約される。

　四つは、農業共済費は主として牛の事故や病気に関わる治療費であるが、牛が健康であれば家畜共済に加入する必要がなくなる。

　五つは、修理費については夏期間放牧のために収穫調製する粗飼料は越冬飼料のみになり、機械の利用度合いは少なく、機械修理費も抑えられる。

　六つは、農作業の外部委託をする必要がないので、作業委託料が節約される。

　七つは、周年舎飼いではなく放牧中心なので、越冬飼料が少なくて済む。したがって、周年舎飼いが中心のA農協平均よりも越冬飼料貯蔵施設や堆肥舎は相対的に小さくなり、投資が少なくて済む。さらに草地を更新せず永年管理するため、草地更新のための投資が必要なくなるため、草地造成の償却コストも低減される。

　三友農場の経営トータルとして最大の節約効果は、牛が健康でストレスの少ない状態で飼養されているため、平均産次数が高いことである。高泌乳型では平均2.5産程度であるが、三友農場では高泌乳を追求しないので生産病（乳房炎、第四胃異変等）が少なくなり、3.4産程度になる。このことは、マイペース型の乳牛耐用年数は高泌乳型の約1.4倍にもなることを意味し、更新用の育成牛は少なくて済む。2年近くにわたって手間をかけ、餌を給与する割には収益を生まない育成牛へのコスト負担はかなり大きなものがあり、更新用の育成牛を多く抱えることは経営収支を悪化させる要因となる。搾乳牛の耐用年数が長くなるということは、牛の更新コストが少なくて済むものと理解できる。

したがって、A農協管内の酪農経営は、頭数規模の拡大によって、投下労働は増大していくが、それに応じて所得がさほど伸びていないということになる。三友農場は、実質的な所得がやや高いばかりではなく、労働時間についてもかなりゆとりのある農業経営を行っている。

結局、収益性を追求しようとして多頭化し、農業粗生産額の増大による所得増を目指しているのがA農協管内における酪農家の主な動向であるのに対し、三友農場では経営資源の内部循環によって、農業粗生産額はむしろ抑えられるが、コストを低減することによって、実質的な所得増を確保している。しかも、外部から調達する資源、とりわけ配合飼料価格変動の悪影響を免れている。

3. 三友農場の特徴

(1) 副次部門の創設

三友農場においては、農業生産と生活が一体化した生業的な家族経営なので、その経営トータルで余力があれば、兼業部門をもつことはやぶさかではなかった。三友氏は、農業部門と密接なかかわりのある兼業であれば、積極的に取り組んできた。それが中標津町農業協同組合の常勤組合長職である。農協の組合長は、通常、地域の名士として名誉職的扱いが多かったが、三友氏の場合は異なっていた。三友氏が農協組合長として招聘されたのは、農協が経営する第三セクターの食品加工会社の経営不振問題に対処するためであり、農協組合長としての経営手腕が期待されたからであった。期待に応えて食品加工会社の整理に関わる補助金問題や負債問題は無事解決することができた。同時に、三友氏はAコープの移転・拡大事業にも手腕を発揮し、中標津町の大型スーパーの一つである年商12億円のAコープを年商30億円の農協スーパーとして蘇らせた。

三友氏が、常勤の農協組合長を務めることができたのは、本人自身の能力の高さは言うまでもないが、由美子夫人の多大な協力があったからである。彼女は、搾乳牛頭数規模を半減（40頭規模から20頭規模へ）して1人で搾乳

できるよう対応したのである。放牧を中心とした三友酪農なるが故に搾乳頭数規模は伸縮自在であり、三友氏の時間的ゆとりを作ることができたのである。

また、常勤組合長であれば役員報酬がそれなりに高いのではと一般的に思われているが、実際には名誉職であるため報酬は少なく、農家所得としては夫婦二人で働いていた時の年収の半分程度に落ちた。しかし、農協の苦境に少しでも役立つのであればということで引き受けたようである。要は、地域貢献という感覚であろう。

また、三友農場の時間的ゆとりは、自家用の一部放牧の養豚や養鶏を可能にするとともに、趣味としての馬飼養や家庭菜園に取り組むことを可能にしている。

さらに特筆すべきことは、由美子夫人が放牧牛乳のメリットを最大限に生かすため、チーズ工房を1997年に設置し、本格的なチーズ製造に取り組んだことである。

もちろん、酪農部門を手抜きする訳ではなく、マイペース酪農だからこそ婦人労働にゆとりがあったからである。とりわけ、5月から6月までの時期には女性労働は昼夜放牧のため、搾乳と子牛の哺育程度になるのである。以下、由美子夫人のチーズ製造に対する取り組み経過を紹介しよう。

由美子夫人がチーズ製造に取り組んだ動機は、自らの食生活を豊かにすることであった。盛行氏とともに入植した彼女は、周囲の酪農家の多くが、所得を確保するための酪農であり、自ら生産した牛乳を自分自身の食生活に利用している酪農家が少ないということに違和感を持っていた。由美子夫人は、常々、農家自ら生産した牛乳を色々と加工して、自分達の食事を豊かなものにしたいと思い、そうした努力が食文化を育むと考えたからである。

由美子夫人は、1995年、独学でチーズ作りを始めるが、同時に中標津町畜産食品加工研修センターが行うチーズ製造講習会、微生物に関する研修会等に参加し、指導を受けた。

1996年、十勝ナチュラルチーズ振興会主催のフランスチーズ研修旅行に参

第2章 新しい家族農業経営論の登場

表2-4 三友由美子夫人のチーズ生産取り組み経過

時期	取り組み経過
1997年4月	中標津町で開催された、フランスのチーズ技師、イヴラント氏によるチーズ製造講習会に参加。
5月	中標津町畜産食品加工研修センターにおいて、1週間のチーズ製造・包装・出荷作業・食品製造施設の衛生管理、食品の販売について研修を受ける。
6月	蔵王酪農センターにおいて、国産ナチュラルチーズ製造技術研修会に参加。
11月	中標津町における移動食加研に参加。 北海道の支援を受け三友牧場チーズ館を建設。
1998年	食品衛生責任者資格を取得。
2000年2月	フランスチーズ鑑定士モラン氏の研修会に参加
4月	フランスノルマンディ地方を中心に研修旅行に参加。
11月	十勝ナチュラルチーズサミットにおいて、モラン氏の「チーズの品質管理と官能評価」というテーマの講演を受講した。
2001年	フランスパリでの農業シンポジウム・農業祭において、チーズ販売の実際を視察。
2002年	フランスコルシカ島にて、羊乳チーズの製造視察研修。

加し、フランス東部山岳地帯を中心に製造されていた農家製チーズ、山岳チーズを実際に味わい、チーズ熟成技術などの研修にも参加した。ヨーロッパの酪農地帯は山岳や耕作不適地などが多かったが、自分達の住む田舎とは異なり、豊かな酪農郷であった。そこで改めて自分たちの田舎は単に牛乳生産をしている牛乳郷に過ぎないことに気づいたのである。酪農郷には経済活動以外に、もっと牛乳を利用した食文化があることを知り、チーズの製造をきっかけに本当の酪農郷を築いていきたいと決意を新たにした。そのことが、1997年以降のチーズに対する取り組みを加速させることとなった（**表2-4**）。

　チーズ館を立ち上げてからは、自家生産牛乳の10〜15％（20〜30トン）を使用してチーズを生産した。

　そして、2010年には、由美子夫人が製造したチーズは、フランスMOF（最優秀職人賞）のチーズ職人に、フランスのチーズに劣らないほどの良質な最高水準のチーズであると評価された。そして、由美子夫人はチーズ職人としては日本人で初めてのギルド・デ・フロマージュの称号を与えられたのである。

　このように精魂を傾けて製造したチーズは、まず地元の人に食べてもらい、好評を得た。その口コミで町内、通信販売、大手航空会社の機内食など三方向に販路が拡大していった。このような経緯から、由美子夫人のチーズに対

する並々ならぬ情熱が伝わってくる。

　由美子夫人は自分のチーズ製造にこだわるだけでなく、1995年には「農家チーズを作る会」を発足し、酪農家に対してチーズへの取り組みを勧め、自ら事務局を担った。同時に、会の機関誌である通信「農家チーズ」を発刊し、2014年に高齢のためチーズ館を閉鎖するまで広報宣伝活動にも努めてきた。そして、この間、根室支庁（現振興局）との共催で、「チーズトークinねむろ」を開催し、農家チーズ製造の普及に努めた。まさに、食文化の創造に寄与したのである。

　なお、チーズ製造過程で生じたホエーは、自家消費用の豚に飲ませている。いわゆる味の良いホエー豚の誕生である。

　このチーズ工房は、由美子夫人が高齢化（70歳を迎える）のため、2014年に閉鎖している。現在は、自家製チーズの指導や、チーズ工房を設置する人たちへのアドバイスを要請されるままに実施している。

　2016年12月に酪農を引退した三友氏は、酪農適塾を開始した頃から経営不振に陥っていた老人介護事業所Gホームの理事長に就任し、経営立て直しに取り組んでいる。Gホームは当初2億円の借金があったが、現在では4千万円くらいの借金に減らすことができ、運営を軌道に乗せている。一流の農業経営者は、企業経営をしても一流であるという証であろう。

（2）草地の永続管理の仕組み

　三友農場における草地の維持管理について、佐々木章晴氏の著書[3]に依拠して述べることとする。

　草地を永続的に管理するためには、放牧により2.5～3cm程度の堆積腐植層（ルートマット）を形成しなければならない。堆積腐植層とは、牧草の収穫量の一割を枯草として土壌の表面に戻すことによって、じっくりと発達していく窒素とミネラルのストックなのである。

　放牧専用地では、その役割を糞尿がかかったためできあがった不食過繁茂草が担うが、採草・放牧の兼用地では、完熟堆肥がその役割を担う。三友牧

場では、農地の取得年によって堆積腐植層の厚さは異なるものの、ほぼ永続管理が可能な状況にある。

しかし、どうしても遠距離にあるため採草専用地にせざるを得ない草地では、完熟堆肥を相当厚く施用しなければならない外に、化学肥料も若干必要になる。

堆積腐植層がない草地土壌では、ミネラルが比較的たまっている層は見られなくなる。堆積腐植層がなければ、黒っぽい鉱質土壌（火山灰など）にミネラルは薄く散らばった状態になる。このような状態は、北海道における寒地型牧草（主としてチモシー）にとって、あまり適した環境とは言えない。

草地の0〜2cmだけとはいえ、ミネラルが集積している牧草は、牧草自身にとって居心地のよい環境であり、草地の維持年限をのばす要因の一つだからである。

しかし、草地更新でプラウやロータリーハローで混ぜ込んでしまうと、このルートマットのミネラル集積層を破壊し、ミネラル自体を拡散・埋没させてしまうことになる。これでは草地更新後の牧草株は一時的にその勢いは増すものの、すぐに衰え、その生存年限を伸ばすことができず、費用のかかる草地更新を頻繁に行わざるを得なくなる。したがって、三友農場では、草地更新をせず、放牧や堆肥・尿散布による永続管理の道を選んでいる。

牧草の品種は、牛の嗜好性が高く、単収も安定しているチモシーが主体となる。放牧に適していると言われるニュージーランドで一般的なペレニアルライグラスは、根釧地域では土壌凍結による冬枯れが多く、栽培に適していない。同様の理由で、ルーサンやアカクローバーも長続きしない。しかし、道北や道南地域では、冬期の土壌凍結深は浅いので、ペレニアルライグラスを導入することは可能であるが、主体となる草種は地域の風土に適合しているオーチャードである。

三友農場における草地の牧草品種は、チモシーが主体であるが、ケンタッキーブリュウグラスや白クローバーも混入し、湿地の草地ではリードキャナリーグラスも健在である。ギシギシやフキ、タンポポなどの雑草は放牧す

ると、牛が好んで採食するので密度が薄くなる。ただし、アメリカン・オニアザミだけは、手で駆除している。

兼用草地は二番草の放牧によって牧草の生育状況を管理しているので、採草専用地よりもマメ科牧草の割合が適正に維持されている。

(3) 放牧に適した乳牛の改良

配合飼料を多給している牛は、第一胃の発育が遅れている。放牧酪農では第一胃が十分発育して牧草を沢山食い込めるような牛づくりが大切となる。したがって、その体型は、後ろから見ると左側の第一胃がどれだけ膨らんでいるかで判断される。右側は大抵子牛が入っているので、全体的に丸い体型となる。

このような牛を育成するためには、粗飼料でしっかりした骨格を作る必要がある。そのためには、粗飼料主体の給餌方式と運動が必要なのである。また、第一胃を鍛えるためには、生まれたその年は放牧につけず、乾草を重点的に給与することである。

写真1　三友牧場の牛

第2節　三友農場における酪農適塾の創設

1. 酪農適塾創設の契機

酪農適塾とは、三友農場で行われている酪農後継者の長期研修と月1回の公開塾であり、塾長は三友氏自身である。

この適塾の第一の目的は、マイペース酪農を目指す人材の育成にある。そ

第2章　新しい家族農業経営論の登場

の直接的な契機は、三友牧場の後継者養成であった。三友氏には三人の娘さんがいるが、いずれも農業以外の職業の人と結婚し、農場を継承する意思はなかった。そこで、新規参入希望の研修生を、三友酪農を継承する経営者として育て、農場を譲ることを決意した。マイペース酪農の継承者として育ってもらうために、三友氏が長年培ってきた知識や技術を集大成した三友イズムを理解してもらう必要があった。

　第二の目的は、これがマイペース酪農を教育するいい機会でもあるので、希望があれば酪農家の後継者や新規参入者も参加できるようにし、マイペース酪農のより一層の浸透を図りたいと考えた。マイペース酪農家に後継者がいる場合でも、親子間で酪農を教えることはむずかしかったからである。同時に、マイペース酪農交流会に結集する酪農家数も伸び悩み、高齢化してきたので、新たにマイペース酪農の浸透方法を考える必要性を感じていたからである。マイペース酪農交流会における三友氏は、あくまでも助言する立場であり、積極的に指導することができな

写真２　三友農場での放牧風景

写真３　塾頭時代の吉塚夫妻と長男の健生君

写真４　牛にご挨拶している吉塚健生君

写真５　牛からご挨拶された吉塚健生君

かったのである。

　このような伸び悩みを打破するために、三友氏は酪農を志す後継者や新規就農希望者に北海道酪農の原点とマイペース酪農の真髄を学ぶための教育の場を提供することとした。それを「適塾」と命名したのは、緒方洪庵の「適塾」の「教える者と学ぶ者が互いに切磋琢磨しあう」という姿勢に倣ったためである。同時に、「適」の字には適正規模、適地・適産・適量を含意している。

　酪農適塾はあくまでも三友氏の私塾であり、指導者は三友氏である。彼は三友経営論（マイペース酪農論）を講義し、その理論を体験ないしは実験を通じて実証するという教育法を採用した。マイペース酪農交流会では助言のみであったが、酪農適塾では指導に徹した。

　かくして酪農適塾は、2010年5月28日の創設から2018年の今日に至るまで継続され、今後とも多くの塾生を育む予定である。

　この酪農適塾創設を契機として、三友農場は株式会社酪農適塾として法人格を持つこととなった。法人化したのは、①三友氏がリタイヤした時点で三友農場が消滅するのはもったいないと考えたこと、②三友農場を第三者に継承するための資産継承根拠を明確化することの二点であった。決して企業的に経営しようとして株式会社にしたわけではなかった。

　そのため、酪農適塾の人的組織構成は、オーナー（経営主）を塾長とし、その下に塾頭、塾生を配置し、三段階とした。塾長は社長、塾頭はキャプテン、塾生は研修生という構成である。経営交代しても、マイペース酪農の理念は後継予定の塾頭に引き継がれる仕組みである。

　酪農適塾においては、このようなマイペース酪農の教育・研修システムを構築したが、参集範囲は新規就農希望の人や酪農家の後継者の外に、予定になかった様々な人々が受講を希望し、受け入れている。現役の酪農家、酪農ヘルパー、獣医師、三友チーズ工房にチーズを買いに来たお客、地元の釣り人、同じ地域の主婦、小学校教員、高校教員、試験研究機関の研究者、そして大学教員と大学生などである。そして、このメンバーの中からマイペース

第2章 新しい家族農業経営論の登場

酪農月例交流会・年次交流会に参加する人達が出てきたのである。そのため、酪農適塾とマイペース酪農交流会とはしばしば合同月例交流会になるが、その時の交流会はマイペース酪農の継承教育に重点が置かれている。

その具体的内容を新畑結香他著「"酪農適塾"とは何か」から引用してみよう。

「放牧期間中の酪農適塾では主に三友農場内のフィールドワークを行う。その中で、①農場内の自然（土・草・牛）のありようを自らの五感を通して具体的に捉え、②そうした自然本来の循環に依拠した、いわば農場内の生き物たちになり変わった視点でその営みを知る。

冬期間は座学が中心である。そこでは、③経営に関わるあらゆる数値（資本・負債・収入・支出の金額、搾乳・施肥・給餌の量など）が公開され、一戸の農家の実際の経営の姿が伝えられるとともに、④広く根釧の風土やその歴史、現代農業の大きな動きが語られる。それらを通じて、⑤経営・経済活動が農場内の循環や日々の作業の反映であり、ひいては

写真6　酪農適塾の事前講義

写真7　草地の土壌と牧草の根の観察と講義

写真8　糞の観察と講義

写真9　7月下旬、一番草採草地で、結実期にある牧草の観察と講義

営農する人の生き方と切り離せないものであること」[4)]を学ぶのである。

酪農適塾での教育・研修内容は、従来の大学や試験研究機関で行われてきた企業的農業経営理論とは、まったく異なる。生産と生活が一体化している生業としての農の営みの視点を重視しており、営農する人の生

写真10　牛の観察と講義

き方が大切にされている。そのためには、生態的にみた土壌微生物－草－牛の本来的な結びつきを解明し、適地・適産・適量を実現するための方法を考える必要がある。それを実現さえすれば、農家生活上必要となる経済は後からついてくるということを、実践の中から学ぶことになっている。

酪農適塾で学んでいる農業経営論や酪農技術論は、いわば生態学的農業論ともいうべき分野であり、既存の酪農技術論や経営論に飽き足らない大学の教員や学生が適塾に結集しているのである。

彼らが全道・全国にマイペース酪農の存在を発信することによって、酪農に生きがいを見出す学生が増え、天北の「もっと北の国からの楽農交流会」のように酪農地域を活性化しつつある。

この結果、行政、農協、関係指導機関、そして大学において、マイペース酪農に対する理解が少しずつ浸透し、マイペース酪農を実践している人の中から農協の役員や地域の世話役に抜擢される人たちが増えつつある。

慣行酪農家が圧倒的多数を占めている中で、少しずつではあるがマイペース酪農が関係機関だけでなく、教育界に認知されつつあることは喜ばしいことである。

２．酪農適塾での経営改革手順

酪農適塾に結集した塾生に対し、塾長である三友氏は、一般的な無放牧・周年舎飼いの慣行酪農からマイペース酪農への移行策を、あくまでも家族経

表 2-5　経営改革手順

1	草地1ha当たりの成牛換算頭数1頭を基準とする。
2	経産牛の年間1頭当たり乳量は、6,500kg程度を目標とする。
3	成牛の体高は140cm、体重は650kgを目標とする。
4	購入飼料は4kg／日、年間約1,500kg／年間を目途とする。
5	化成肥料を減らし、無農薬。熟成堆肥を作る。
6	草地更新をしない。
7	昼夜放牧を実施する。
8	一番草収穫の適期刈り取り。ラップサイレージか乾草とする。
9	二番草の乾草廃止、放牧する。
10	コントラクター・TMRセンター等の外部依存はしない。
11	外部資材・労力に依存しない。
12	牧場内資源の循環・有効活用を第一義とする。

営を前提に**表2-5**のように提示した。

　以上の項目については、マイペース酪農交流会で三友氏が助言してきたことであるが、酪農適塾ではもっと徹底的に実践的な目標を掲げて指導した。この具体的目標は次のとおりである。

　その基本は、三友氏が提唱してきたマイペース酪農の基本原理である草地1ha当たり成牛換算頭数1頭という適正比例の徹底である。

　根釧地域の風土条件の下では、家族経営であること、乳牛を夏期間は昼夜放牧、冬期間は舎飼いで乾草を給与する管理を前提にすると、配合飼料無しで飼養できる草地面積が1haであることを、古老や自らの実践から経験則として導き出したのである。この経験則は、牛を年間飼養するために必要な草の量を確保するための草地面積を示しており、土と草と牛との結合関係を意味している。この関係は機械化の発展段階によっては変化しない。乾草収穫が手刈りであっても、あるいは畜力刈りまたはトラクター刈りであっても変わらない。自然の循環だからである。

　このようなマイペース酪農は、自然に対抗する慣行酪農に対して、自然に順応する農法でもあるので、その点では自然農法に限りなく近い農法と言えよう。

　慣行酪農からマイペース酪農への転換の第一歩は、草地面積に対して過剰

な乳牛頭数を削減することから始まる。次いで、搾乳牛の年間1頭当たり目標乳量水準を従来までの8,000kgから6,500kgとする。この水準はマイペース酪農に取り組んでいる酪農家の平均水準である。酪農適塾の目標乳量水準は、6,000kgであり、マイペース酪農交流会のメンバーよりもさらに低くなるが、適正比例で牛が生産した牛乳をありがたく受け取るというスタンスである。

　成牛の体格については、高泌乳牛ほど大型になり、道央地帯の畑地型慣行酪農（無放牧）では、体高145cm以上、体重700kgを超える牛も飼養されているが、ここで示されているレベルはマイペース酪農に取り組んでいる同志の平均値である。酪農適塾では、体高は140cm程度であり、体重は550kgとやや小型である。放牧酪農では、軽快に動き回り、エネルギー消費量が少ない小型牛の方が、摂取粗飼料が効率的に牛乳生産に振り向けられる可能性が高い。

　牛の小型化は、一挙には進まないので、精液の選択も含めて時間をかけて牛群をつくり上げる必要がある。

　購入飼料は、主として配合飼料であるが、慣行酪農では搾乳牛1頭当たり年間3,000kg程度の給与であるものを、マイペース酪農では1,500kgに半減することが目標になっている。酪農適塾では、300kgにまで減少しているが、今後はゼロにする予定である。その理由は化成肥料の廃止と同様である。

　化成肥料は、一般農家が一番草で10a当たり40kg、二番草で10a当たり20kgを散布している。マイペース酪農では一番草10a当たり20kg、放牧地には10a当たり無肥料から20kg程度と少なくなっている。その代わり完熟堆肥を造成し、草地に散布している。なお、雑草の除去に際しては、除草剤を使用していない。除草剤は土壌微生物の活性化の妨げになるからである。

　酪農適塾では近年、化成肥料の施用は廃止している。その理由は、岩石の存在に対する新たな視点を持つことができたためである。微生物や昆虫のみならず、岩石や鉱物も生命の源として評価するわけである。すなわち、地上、地中、大気のすべての物質が生命に関わっているがゆえに、あえて外部資材に依存しなくても、地元の風土によって再生産ができる仕組みがあるとの認

識である。

　草地を更新すると、土壌の微生物層を破壊し、草地の生産力を著しく損なう。草勢が衰えている草地は、種子の追播と牛の蹄耕法により回復する。

　昼夜放牧によって、牛が主体的に採食と排泄を実施し、牛にとってもストレスはなく、農民にとっても省力的である。放牧期間は5月10日〜12月10日（降雪まで）の7ヵ月（210日）、冬期舎飼いは155日とする。一般的には6ヵ月放牧と6ヵ月舎飼いと言われているが、酪農適塾では舎飼い期間が1ヵ月少ない。その分だけ越冬用の飼料調製量も少なくて済むし、糞尿の処理量も少なくなるので、経費が節約できる。

　一番草を早刈りすると、高栄養ではあるが粗繊維が不足するし、収量も少なくなる。結実期まで待って収穫する。できれば乾草にして収穫した方がよいが、雨に当たるリスクに耐えきれない場合は、低水分のラップサイレージでも良い。マイペース酪農交流会のメンバーの大半は、ラップサイレージを採用している。酪農適塾では、一貫して乾草を収穫している。もちろん、その中には雨に当たった乾草もあるが、養脱した乾草を給与して乳量が落ちても、それはやむを得ないと受け止めている。

　酪農適塾ではラップサイレージを採用せず、調製が難しい乾草を採用しているが、その理由は乾草の効用が高いからである。その効用とは、①牛の生理に合致した飼料であり、特に仔牛や育成牛には絶対不可欠の飼料だからである。②8月上旬まで収穫しない牧草地は、昆虫・小鳥・牧草の花・種等の自然生態によるさまざまな生物の活動（自然循環）により地力が向上する。③飼料・敷藁・糞尿とともにバーンクリーナーで完熟堆肥をつくりやすい。④臭気がなく牛舎内が快適である。また、軽いので取り扱いが楽である。⑤ラップに使われるビニール廃棄物を大量に出さなくても良いからである。

　一番乾草の収穫時期は、7月下旬〜8月上・中旬までは比較的好天が多いため、降雨による被害が少なく、牧草の乾燥も早く翌日には梱包できるので、機械の負担や労力が軽減できる。とはいえ、毎年安定して高品質の乾草を収穫することは極めて難しいことも事実であるが、酪農適塾の自然環境ではあ

えて乾草にこだわっている。

　草地は、原則として牛が管理するものとしており、一番草を越冬用乾草として収穫した後は放牧地として利用するので兼用草地になるため、収穫のみの牧草地はない。

　コントラクターやTMRセンターを利用することは、外部の事情に振り回されて、生活も含めた農業経営トータルの意思決定に支障をきたし、草地1ha当たり成換頭数1頭という、適正比例が崩れてしまう。また、外部資材や雇用労働に依存することも同じである。

　この適正比例を堅持することにより、土－草－牛の循環がスムーズに進み、農地の保有規模によって乳牛の飼養可能頭数が確定される。最終的に家族労働力の事情によって、つまり人数だけでなく、労働力の質、たとえば年齢あるいは妻の出産や育児等の事情も考慮して、適正規模が確定される。

　家族経営が第一義的に利益を追求すると、自然の制約と戦うことになり、適正比例が崩れるため、一時的には高収益を達成できても永続性を持ちえない。

　農地が制約されているのであれば、当然、飼養頭数は限られるので、その収入の範囲内で生活しなければならない。それが不十分であれば、農地を拡大して、家族労働力の量と質に見合った飼養頭数規模にすればよいという考え方である。

第3節　三友盛行氏が提唱する農場の継承方法

　三友氏は、「厳しい開拓の時代を経て、現在の安定した酪農を築いてきた現役世代が経営移譲の時期を迎えている。しかし、後継者のいない酪農家も見られ、このままでは地域の過疎化に歯止めがかからない」として、農場継承の問題点について、次のような指摘をしている。

　行政も農業団体も新規就農者の確保に努めてはいるが、序章でみてきたように成果は出ていない。このまま推移すれば、ジリ貧傾向は免れない。その

第2章　新しい家族農業経営論の登場

理由は、新規就農の希望者が決して少ないわけではなく、①希望者と受け入れ側との出会いの機会が少ないこと、②希望者と受け入れ側の求める牧場像に違いがあること、③受け入れ側のメニューが一方向しかないという三点を指摘している。

とりわけ、②については希望者の多くは酪農に牧歌的なイメージを抱いており、放牧酪農を求めている。③については農政や関係農業団体も従来までは高泌乳・通年舎飼い方式の継承のみであったが、放牧方式のメニューを用意することが必要であると考えている。

そこで三友氏は、①定年離農予定者と新規就農希望者を募り、登録制とする。②新たに「農場継承を支援する会」を設立し、両者の仲介役を務めるということを提案している。

「農場継承を支援する会」が行う仲介内容は、新規就農者については①継承農場で経営主と一緒に、2～3年研修すること、②この期間において、経営全般の技術の習得や経営の組み立て、そして生活のあり方について学び、経験すること、③地域の人々と交流し、理解と信頼を得ること、④行政や農業団体に後継者としての認知を得ること、などである。

居ぬき継承の場合、特にデリケートな問題になっているのが資産の譲渡方法である。「農場継承を支援する会」は、この点を配慮して次のようなガイドラインを設定した。①乳牛、農業機械、越冬飼料、その他、貨幣換算できるものは評価する。②この評価総額を5年間の年賦で分割払いする。③施設等、貨幣換算できないもの、あるいはゼロのものも譲渡を受け、活用する。④農地については5年経過後、農業者として認知されたのち、農協の支援を受け農業委員会に斡旋手続きを申請する。⑤農地取得資金による購入とする。

この方式を採用することによって、既存農家の定年離農者と新規就農者相互に次のようなメリットが生ずる。

定年離農者のメリットとしては、①農場を現職として次世代に継承させることができる、②農場内のすべてのものに価値があり、それを利活用させられる、③安心を得、安堵を覚え、期待という夢が広がる、④老後の資金を得

87

ることができる、の4点である。

　新規就農者のメリットとしては、①研修農場と継承農場が同一である、②研修生から経営主へと身分は替わっても、営農上は昨日の今日である、③乳牛も慣れ親しんだもので、機械もまた使い慣れている、④営農に必要なものはすべて整っている、⑤貨幣価値に換算されないものも含めて、農場の生産体制すべてを活用でき、トータルとして見れば、安価で購入したことにつながる、⑥5年分割、5年後の農地取得方式は、経営負担が少なくて済む、⑦何よりも良いのは直ぐに生産体制を継承できること、これはお金では表現できない大きな財産である。

　課題としては、①研修中の新規参入希望者の住宅、給与の確保、②離農者のその後の住宅確保である。課題解決の手口としては、①仲人役の「農場継承を支援する会」が、両者の意見を集約する、②解決の方向が決まった後、行政、農業団体に相談、支援を要請することである。

　この三友氏が提案する新しい農場継承方式と、これまでの公社リース事業による農場継承方法とを比較すると、**表2-6**のとおりである。「農場継承を支援する会」は、2016年6月に設立し、支援する会が関わった第1号の牧場として、同年12月末日をもって三友農場で研修していた新規就農希望者である吉塚夫妻に経営を移譲した。具体的にいえば、この新規就農モデルメニューに従って、吉塚氏は株式会社酪農適塾の塾頭を務めていたが、塾長である

表2-6　新規就農モデルメニュー

項目	公社リース事業	(新) 農場継承方式
就農時営農規模	50～60ha 50～60頭搾乳	50ha 40頭搾乳
総事業費	1億5千～6千万円	5千～6千万円
補助金	対象事業費の50%（税抜き）	0
農協・自治体からの助成金	1,200～1,600万円	0
自己負担事業費	8千～9千万円	5千～6千万円
営農準備金	500万円	0
自律的営農開始時期	数年後	即日

資料：三友盛行「放牧酪農で無理なくできる農場継承の仕組み」『現代農業』2016年9月、農文協

第2章　新しい家族農業経営論の登場

三友氏から株式の譲渡を受け、農場の経営者として社長に就任したのである。

なお、酪農適塾は、2016年12月時点で農場部門と「マイペース酪農」の教育・研修部門から構成されていたが、酪農部門は吉塚氏に継承されたが、酪農適塾の本来目的であった教育・研修部門は、そのまま三友氏が担っている。

写真11　2017年に牧場の看板も三友牧場から吉塚牧場に変わった

第4節　マイペース酪農の経営理念

本章を締め括るにあたり、マイペース酪農運動の基本理念になっている三友経営理念について、今一度考察しておきたい。

三友経営理念によると、草地1haに対し成換乳牛頭数1頭という適正比例に基づいて、土－草－牛の循環が説かれている。

三友経営理念を端的に表現すれば、農民も風土の一部であり、自然循環の輪の中で生きる存在であり、土や草や牛と共生している。したがって、生命活動から得られる農産物は自然に抵抗して確保すべきものではなく、人間も自然の一員として活動した結果、自然からもたらされるものであるという考え方である。

この経営理念は、まさに福岡正信氏が提唱する「自然農法」[5]の考え方に通ずるものがある。福岡氏の「自然農法」は「まったく何もせず自然に任せろ」というイメージで広がっている。しかし、その基本的な考え方は、作物や家畜にとって本当に必要なところだけ人間が手を貸せば、環境に負荷を与える肥料、農薬、そして配合飼料などを使わなくても、作物や家畜は十分な実りをもたらしてくれるという川口由一氏の自然農[6]の考え方と同一である。三友氏はこのような考え方を、自分たちの先駆者として深い敬意を払

89

っている。

　しかし、三友氏は、近代技術の一部を人類の叡智として活用し、いわば自然に寄り添った形で自然の力をより引き出す農法を採用しようとしている。つまり、近代技術をすべて否定するのではなくて、自然との関係で利用できる技術はしっかりと利用していくという考え方であり、そこが自然農法とは異なる点である。より具体的にいえば、三友氏はラップサイレージの機械化は認めるが、細切（刻み）サイレージの機械化は土－草－牛の循環を断ち切るので認められないという考え方である。第1章で紹介した守田志郎氏が「（農業においては）人間が使いこなせる機械化は進めていくが、機械に人間が使われる機械化は進めるべきではない」という主張と相通ずるものがある。

　このような三友氏の意思と実践を通して導かれた農業経営論理には、私は目からうろこが落ちる思いであった。私を含めて大学や試験研究機関の研究者たちは、主流である生産構造論的農業経営学を学び、あくまでも農業経営の担い手は市場経済を前提として企業的に行動するという仮説を採用してきた。しかし、そのような経済学的接近方法は農業の市場経済化を深化させる、いわば資本の立場であり、実際に農業を担っている生産者の立場ではないことに気づいた。

　三友氏は生産と生活（あるいは暮らし）が一体化した生業農家としての立場から、既存の経済学理論に基づいて構築された農業経営管理論や農業経営学とは全く異なる自然循環を基軸とした酪農経営論を構築している。それは、自然の循環に配慮して営農すれば、経済は自ずからついてくる、という考え方である。

　その考え方で営農した結果を振り返って、三友氏は次のような感想を述べている。「基本的には、労働と収入が、ある程度のバランスを保って成長してきたので、私たちなりの生活水準を保つことができた。お金はないけど、体力があって、労働ができて、少しずつ牛が増えて、機械も買えるようになった。望みもほどほどだから、無理しないんだよね。心と経済と労働力の成長が一緒。だから全然違和感がない。そして、今日まで来ている。子供もち

ゃんと教育できて、借金がなくて、それだけのこと。」

　彼が淡々と語る言葉の中に、「足ることを知る」という生き方がにじみ出ている。マイペース酪農の基本理念は、まさにこの一語に尽きるであろう。

　彼は、欲望をぎらつかせた経済効率一辺倒の経済人ではなく、暮らしを第一とし自然に順応する生活者としての価値観をもった人間のための、いわば生産と生活が一体化した生業的酪農経営論を提唱したのである。

　したがって、酪農を営む上で原点になるのは、第一に牛が快適に過ごすことのできる条件を整えることであり、それが自由に採食できる放牧であること、第二に年間を通して牛が採食するおいしい草を適量確保すること、第三に草を育てる土壌が豊かであること、そして第四に人として時間にゆとりがある生活をすることである。それらの四点は相互依存関係にあり、この「牛」、「草」、「土」そして「人間」の適正な循環が基本に据えられなければならないと考えたのが三友氏の生業的酪農経営論なのである。より具体的に言えば、土と草の関係をよくするため、家畜と人間が土と草に働きかけることを意味しよう。三友氏は、牛を経済動物ではなく、人間のパートナーとして、リスペクト（畏敬）しているのである。

注
1）三友盛行『マイペース酪農』農文協、2000年を参照のこと。
2）三友盛行「適正規模マイペース酪農」岸康彦編『農に人あり、志あり』創森社、2009年を参照のこと。
3）佐々木章晴『これからの酪農経営と草地管理』農文協、2014年を参照のこと。
4）新畑綾香他「"酪農適塾"とは何か」北海道教育大学釧路校ESD推進センター『ESD環境教育研究』2016年、pp.23〜28。
5）福岡正信『わら一本の革命』春秋社、2004年を参照のこと。
6）川口由一・鳥山敏子『川口由一の世界』晩成書房、2000年を参照のこと。

第3章

マイペース酪農運動の経過

第1節 マイペース酪農交流会の設立とその内容

1．マイペース酪農交流会の立ち上げ

　ここでは、三友氏の経営理論である「三友酪農論」の普及に大きな役割を果たしたマイペース酪農交流会の歴史的経過について概観しておきたい。

　マイペース酪農交流会のルーツは、1986年に結成された「別海酪農の未来を考える学習会」である。この学習会は、矢臼別演習地反対闘争の流れを汲む農家や労働者が結集した「労農学習会」、「酪農技術研究会」を源流としている[1]。学習会の内容は主に酪農家を取り巻く環境条件、とりわけ経済環境である農政や農協、乳業会社の動きについてであった。その中で特に農政の「ゴールなき規模拡大」政策に誘導された酪農家が経営破綻に陥るケースが出てきたことから、このような農政に疑問を抱くようになった。そこで、学習会では、「まかたする酪農」を目指し、研究者を講師として招いて学習しそれを実践して取り組んだが、なかなか成果は上がらなかった。

　しかも、農政の基本方針は、経営近代化のための規模拡大路線が基調となっていたため、多くの酪農家が自らの経営を推進するうえで、さまざまな問題を抱えており、その解決も焦眉の急であった。その問題の一つが、戦後開拓以降継ぎ足ししてきた牛舎がほぼ満杯となり、新たに大規模牛舎を建設すべきかどうかの岐路に立っていたことである。そして、規模拡大投資をした農家の中には経営不振のため離農せざるを得ない農家が少なからず存在して

いたのである。

　その二つ目は、同じような飼養頭数規模階層であっても、経営的にみて採算が取れている酪農家とそうでない酪農家が混在しており、その違いは何かという問題であった。その中で注目されたのは、比較的規模の小さな酪農家であっても、経済的に安定した経営を営む農家が存在していたことである。

　学習会の第1回から第5回までは、大学教員や関係指導機関からの講師による講演などの学習スタイルであったが、これを改めた。そして、比較的小規模経営でありながら主体的に経営改革に取り組んで成功している地元の酪農家を講師として招き、その体験談を聞こうということになった。その酪農家が三友盛行氏であった。

　実行委員会を代表する5～6人のメンバーが三友農場を見学し、そこに自分たちが求めるマイペース酪農の姿を発見したのである。そして、三友氏に第6回目の学習会講師を要請し、了承を得たのである。その時の三友氏の講演テーマは、「風土に生かされた私の農業」であった。

　第7回からは、三友氏夫妻を「酪農の未来を考える学習会」実行委員会のメンバーとして迎えた。以後、年1回の学習会の外に月例の「学習交流会」が設けられ、学習会と交流会に結集した酪農家のさまざまな実践報告を通じて、生産や生活を酪農家自身が主体的に改善する方法として三友氏の酪農を学んでいくこととなった。それは2017年の第32回のマイペース酪農交流会まで引き継がれ、今後とも継続される予定である。その間、会の名称も1996年から2000年には「別海酪農の未来を考える会」、2001年から2010年には「私の酪農―いま・未来を語ろう酪農交流会―」、2011年から現在までは「未来につながるマイペース酪農―酪農交流会―」と学習会から酪農家が主体的に考える研究会へと名実ともに脱皮している。

　酪農交流会のメンバーは、第1回から第5回までの学習会では「まかたする経営」を「経営収支で採算がとれる経営」と捉えていたが、三友農場の見学と三友氏の報告により「まかた」とは原野に暮らすことであり、「学習」の先生は土、草、牛であるということを理解した。

したがって、三友氏が参加した第6回以降の酪農交流会の内容は、参加酪農家による三友酪農型への経営転換の体験発表や三友氏の理論面での報告や助言が中心となっている。

また、「マイペース」という名称は、歴史的には第2回「酪農技術研究会」の開催趣旨にすでに見出せるが、農政の強引な規模拡大誘導策である「ユアペース」政策に対する批判として生まれたものである。

さらに時代をさかのぼると、酪農家の武藤志郎氏が「労農学習会」において、「同じ所得を得るためには、経費率が高い経営はより大規模にしなければならない。経費率が低ければ小規模でも経営を維持できる」と主張した。この主張は、規模拡大を停止し、小頭数規模に止まれば、コストが下がって経済的に採算が取れるという意味でのマイペース論でもある。これは私の考えでは経営管理理論にある「生産曲線効果」を意味するものと考えられるので、三友氏の「酪農論」とは厳密に言えば一致していない。なお、「生産曲線効果」とは、ずっと同じ規模に止まっていると、学習効果、いわば習熟効果が働き、無駄な動きがなくなるだけコストが節約されることをいう。

三友氏が主張する酪農論とは、こうした習熟効果も含んではいるが、それだけではない。後で詳しく述べるが、根室地域の風土条件下において、家族経営の適正比例（ジャスト・プロポーション）に到達した、あるいは到達するための調整過程にある酪農経営論を意味している。

生産と家計が一体化した生業である酪農家の中から自らの農業経営のあり方を主体的に考え、主張する契機となった学習会の意義は大きいものがある。そして、この学習会活動こそが三友氏を見出すこととなり、「酪農の未来を考える学習会」実行委員会とその事務局が三友氏を支えてきた。そして、それが20数年にも及ぶマイペース酪農交流会の維持・発展につながり、三友酪農論の浸透に貢献したとみることができる。

2．マイペース酪農交流会の内容

会の名称が「別海の酪農の未来を考える学習会」から「未来につながるマ

イペース酪農-酪農交流会-」へと変化したのは、三友氏の講演を契機に三友氏の実践から得られた三友イズムともいうべき農業哲学を会員の経営に生かして、経営改革を実施することを会の目的としたからである。

その三友イズムにもとづく経営改革指針とは、おおむね次のとおりである。

一つは、頭数規模の拡大を停止し、立ち止まって考える。

二つは、生産と家計が一体化した酪農経営は、夫婦二人が対等なパートナーとなって営むものであるから、交流会には夫婦で参加する。

三つは、飼料はできる限り自給粗飼料に依存し、乳量を高めるための配合飼料は制限する。

四つは、草地は更新しないで、できるだけ永続管理する。

五つは、草地の肥培管理のためには主として完熟堆肥や曝気した尿を用い、やむを得ない場合を除き化学肥料に依存しない。

六つは、夏期は昼夜放牧、冬期の粗飼料は乾草あるいはラップサイレージとする。

七つは、自分の経営状況を的確に把握するために、クミカンを互いに公表する。

このような三友イズムが当初から構成員にすんなりと受け入れられたわけではなく、実はこの三友酪農論は彼等にとっても「ユニーク」以上だった。今ではマイペース酪農交流会の有力メンバーの1人も、当初は「変なことを言っている人がいる」[2]という風評がまず耳に届いた。既存の農業経営理論とは正反対の論理を含んでいたからである。

実際、1991年の第6回「別海の酪農の未来を考える学習会」における三友報告は、労農学習会の語彙や論理に親しんだ農家にとって、はなはだなじみの薄い用語や論理に思え、理解に苦しんだ。しかし、実際に三友農場を見学してみると三友酪農論が実践に裏打ちされたものであることがわかり、納得することが多かった。

当時は学習会のメンバーのみの集まりであったが、それが今では語り継がれるほど全道的に浸透していったことは、北海道の酪農経営が規模拡大かあ

るいはとどまるかの岐路に立っていた時期に、『マイペース酪農交流会通信』を発信し続けた学習会事務局の存在を抜きに語れない。

当初、マイペース酪農交流会の事務局長を担当していた獣医の高橋昭夫氏は、当時大規模化の傾向が強い別海町中春別に住んでいたが、ある

写真1　自分の経営の体験発表をする岩崎和夫氏

『通信』で「新酪に代表される大規模経営と、三友さんの経営を比較すると面白いのです。三友さんの方が労少なくして儲かっているのです……〔略〕……収入はもちろん、人間、生活、時間、文化にゆとりがあるのです。私たちがずうっと追求していたマイペース酪農の原型がそこにあるように思っています」と述べている。

とはいえ、三友酪農論が配合飼料多給による高泌乳技術を真っ向から否定したことに、高泌乳化で経営問題を解決しようとしていた誇り高き学習会実行委員会のメンバーも当初は違和感を持った。自分たちがこれまで正しい飼養方式と考えてきたことに対して、正反対の提案だったからである。

同時に、三友酪農論を自分の経営に取り入れようとするときには、自分の経営概況を良く考慮し、自分なりにアレンジして採用していった。交流会では、報告した構成員が自己の経営についての問題点や悩みを提起しても、三友氏からはどうすればよいのかという直接的な指導はなかった。彼はひたすら自分が同じような問題に遭遇した時の経験を話すことで、後は報告者が自分の経営条件を踏まえて自分で考えなさいというスタンスをとっていた。

その理由は、酪農は生産と生活が一体化した生業であるから、酪農家の生産上の意思決定には生活面の考え方や事情も反映される。生活面の事情は千差万別であり、最終的には経営者夫妻が決めなければならないからである。

交流会は、月例会と年次交流会があり、月例会は会員の個別営農事例に基づいて報告・現地検証する。年次交流会では会員による個別事例報告と、三

友氏や外部研究者による研究報告、そして参加者全員による討論が実施されている。そして、最後に一人ずつ感想を述べることになっており、それは録音され、最終的に『マイペース酪農交流会通信』として事務局から協賛者に発信されている。年次交流会の報告と発言内容も、次年度の年次交流会に『酪農交流会発言集』として参加者に配布される。配布は、直接手渡し、郵送、Eメール等によって事務局が実施している。

そして、年次交流会を盛り上げているのがメンバーの妻たちによる豪華な食事会であり、食事後のメンバーや支援者による音楽演奏会である。

その月例交流会のユニークさの一端を、構成員以外の大学教員である徳川直人氏の論文から紹介すると、次の通りである。

「この月例会について特記すべきことは、およそ次の二点だろう。一つは特定のリーダーの不在と成員の高い自律性。強力な理論化がなされているが、成員は特定モデルの表面的な模倣になることを最も強く警戒している。例会は夫婦同伴、座敷で車座に膝突き合わせておこなわれる。原則は『全員発言』であり、リーダーや論客の話を皆で聞くといった形ではない。あるとき、会報の発行が遅れ、開催日時の連絡が不行き届きになったことがあったが、それでも成員は集合して会がもたらされた。

二つは、内容は『何でもあり』で、そのことが総合的・相互的に作用して、生産と生活の全領域にわたる主体形成の場となっているように見える。牛や草地の見学会。経営状況や技術の交流。農業情勢・地域情勢に関する意見の交換。子育てや教育・近隣生活でうれしいことやつらかったことの吐露。手作りのお菓子やチーズのもちより。これらについて語ること、聞くことによって、各自が自己確認するための準拠点が形成されている。

総じて肝要なのは、『自分の言葉』が最重視されていることである。各々が（一農場内であっても夫婦の各々が）経営の転換を必然化する挫折と回復の『自分物語』をもっている。『事業家』『企業戦士的酪農』ではなく、自分は『牛飼い』だとの明確な自己規定が語られる。『生産力』や『豊かさ』といった言葉の意味も、再解釈され、再定義される。

たとえば地域に5戸しかない農家が各々2,000トン出荷するより200トン出荷の農家が50戸ある方が、たくさんの人間を養うことのできる『豊かな』地域である。輸入穀物に依存した生産よりも、自給飼料を活用する方が農場の『生産力』は高い、のように。そうした意味での生産力を測定し経営診断するための計算式まで、彼らは自前で作り上げている。かかる点において、ここには一つの独自な意味世界が成立しているのである。

　こうした世界の成立については、女性たちの参加が見逃せない。チーズ作りに見られるような農家文化の形成や経営参画に止まらず、それは男性たちの談話世界を質的に変容させた。別海町西春別地区のO農場、経営主の次のような言葉―『男だけの集まりだと、本音が出ない。女が出てくるから本音や弱いところもさらけ出してしまう。単に非難中傷ではなくすべて出し合う。男だけだと、同じ議論していても違ったと思う』。それが生産と生活の折り合い点を形づくっている。」3)

　交流会で論議される問題点は、三友型酪農に経営転換した時に生じた問題なので、三友氏の理論と体験に基づいた説得力ある助言によって、実質的なリーダーシップは発揮されていたのである。

　同時に、三友氏自身も成員の経験から学び、自己の酪農理論を深めようとしている。

　さらに、ここで三友氏のリーダーシップに関するエピソードを紹介しておきたい。先に三友イズムで紹介したマイペース酪農交流年次総会への夫婦同伴参加に関するエピソードである。

　三友氏が参加する以前の「別海酪農の未来を考える学習会」時代から年次交流会では女性の参加は多かった。しかし、午前の部では恒例の山田定市北大教授の「基調講演」があり、午後の部の分科会では男性が「経営」や「技術」の分野、女性が「子育て」や「教育」、「食」の分野の分科会に出ることが多かった。しかし、三友氏が夫婦同伴で参加し、由美子夫人が「経営の分科会」に出席し、経営問題での発言をしたことが契機となって、次第に女性も経営問題や技術問題について発言するようになった。このことは、酪農は

生産と生活が一体化したものとして捉えていた三友夫妻にとっては当然のことであった。しかし、それまで実行委員会に結集していた男性側としては、妻から生産に口出しをされたり、妻の仕事としてきた子育てや教育のことに関与しなければならないことは、大変なカルチャーショックであった。おまけに、三友氏は妻の家事労働負担が重いので、妻の搾乳労働は遅出・早退を提唱し、自ら実践していた。

写真2　年次交流会でごちそうが並んでいるバイキング方式の昼食会

クミカンの内容も知らされず、経営の意思決定から疎外され、ひたすら重労働に励んできたメンバーの妻たちは、経営内容をよく知ることができると、当然ながら生活改善の一環として経営問題に発言するようになった。三友氏の助言に躊躇している夫に対し、妻がたきつけて経営改善を促進させる事例も生じた。自家の経営の内容を知り、自分も意見を言うようになって、経営が良くなってくると妻たちは元気になり、輝き始めたのである。メンバーの妻たち

写真3　報告に対して感想を述べる三友由美子夫人

が経営に参画する口火を切った三友由美子夫人の功績はまことに大きいものがある。

かくして、三友酪農論を取り入れた「マイペース酪農」は女性の積極的関

与によって定着していったのである。

女性の経営参画には、当然、男性側としても即座に受け入れしたわけではなく、女性側から「男のロマンは女の不満」と揶揄される場面もあった。「男のロマン」とは「男の見栄」と読み替えても差支えない。現在、やっと夫婦間で対等のパートナーシップが確立されつつある。

「男尊女卑」の日本社会、とりわけ農村ではその傾向が都市よりも強い傾向にある中、このマイペース酪農交流会で新しい夫婦パートナーシップが生まれつつあるのは、瞠目すべきことである。慣行酪農では依然として経営の意思決定権は、夫の専売特許、あるいは夫と夫の両親対妻、いわば3対1で妻の意見が通らない状況とは大違いである。

写真4　最後に総括する三友盛行氏

マイペース酪農交流会では、妻たちの経営権を認めた心優しい夫たちが群として誕生していることから、これを新たな農村共同体の萌芽として期待したいものである。

第2節　マイペース酪農交流会とメンバーの経営変化

1. メンバー酪農家の経営改革

当初、酪農交流会に参加したメンバーは、一様に農政の多頭化路線には疑問を持ちつつも、農地面積、飼養頭数規模、そして飼養管理技術はまちまちであった。中には高泌乳飼養管理で高い所得をあげていた農家も存在していた。

それゆえ、三友酪農への改革の手順は個々の営農状況によって、優先順位

が異なるのは当然であった。しかし、共通して持っていた不安は、出荷乳量を落として乳代収入が低下しても、それ以上にコストが下がって生活費を確保できるかどうかであった。

そこで、交流会では直ちに実施すべきこととして、第一に放牧の導入を図ることにした。まず周年舎飼い方式を改めて無放牧から時間放牧にすること、さらに乳牛のストレスが最も少ない夏期間（5月上旬から11月下旬）の昼夜放牧を実行に移すことにした。放牧を採用することによって、乳牛が草地に草を食べに行ってそこで糞尿を散布し、牛舎に戻って搾乳されることで堆厩肥や尿の貯蔵量が半減することを確認できた。同時に、粗飼料の調製量も冬期用だけで済むので半減し、夏期間用の粗飼料調製作業はいらないので労働も軽減されることも確認された。

第二には、過剰な投入資材や作業を減らすことであった。まず、投入資材であるが、配合飼料と化学肥料の削減である。慣行の濃厚飼料多給方式からいきなり配合飼料を削減すると、乳牛は骨身を削って乳を出すので、ケトーシスになりやすかった。ケトーシスとは、高泌乳牛に見合うエネルギーが飼料から摂取できない時に出る症状で、血糖値低下、血中ケトン体（アセト酢酸、ケトン、β-ヒドロ酪酸）の増量、乳量の減少と削痩が顕著になる病気である。

しかし、乳牛は自らの命を削ってまで牛乳を出すことはないので心配せず、ここは辛抱が必要であった。同時に、粗飼料を十分に消化できる第一胃をもった牛を育てなければならなかった。また、化学肥料にしても、草地更新を前提に土改資材と化学肥料を多給していた草地なので、化学肥料をいきなり削減すると越冬飼料が不足する恐れがあった。したがって、徐々に改善しなければならなかった。三友氏が実践している草地1haにつき成牛換算1頭という適正比例も、構成員個々の実質的な草地保有面積と成牛換算頭数の割合により個別の経営条件が異なるので、さしあたって実際に自分に見合った比率を決定するしかないという大変悩ましい問題があった。

しかし、生産資材の削減や労働時間削減のための総飼養頭数規模の縮小は、

出荷乳量の縮減をもたらすことになる。それは当然のこととして農業粗収益の縮減にもつながるので、それなりの覚悟が必要になる。また、構成員個々によって生活費の必要額は異なるので、適正比例への対応の仕方も多様にならざるを得ない。

そこで第三に、当時メンバー間では非公開であったクミカンを公開して、メンバー個々の収益性を互いに公表することが必要となった。妻にまで見せなかったクミカンを他人に見せることへの抵抗は大きかったが、三友氏が率先して自らのクミカンをメンバーの前で公表したので、メンバーも徐々にそれに従っていった。

三友農場のクミカンは、乳牛飼養頭数規模、出荷乳量、経産牛1頭当たり乳量は学習会のメンバーよりも少なかったが、クミカン上の農業所得額や農業所得率は極めて高水準であった。メンバーの収入総額は三友牧場よりも多いにもかかわらず、クミカン農業所得は低かったのである。その原因を解明するためには、クミカンを公開し、経営収支の中身を検討しなければならなかった。

交流会のメンバーがクミカンの分析を通じて、三友酪農論をどのように取り入れていったかは、それぞれ異なる。

たとえば、三友氏が粗飼料を乾草に一本化しているが、メンバーのほとんどは気象条件による乾草調製のリスクを考慮して、ラップサイレージ（ヘイレージに近い）を採用するということだった。敷料は、ラップサイレージの喰い残しを使用している。結局、乾草の水分は約20％、ラップサイレージの水分はヘイレージなので約30％であり、あと10％引き下げて乾草にするためのリスクは、自分たちの農場の気象条件を考慮すると大きすぎると判断したのであろう。

また、完熟堆肥の製造にも苦労した。化学肥料の施用を抑えるためには、自給肥料である完熟堆肥の製造が不可欠であったが、配合飼料を多給してきた糞は臭いもきつく、なかなかミミズが発生せず、悪戦苦闘を重ねた。しかし、配合飼料の削減が進むと、完熟堆肥が生産できるようになった。但し、

保有耕地がすべて屋敷周りに集中している酪農家は少なく、大半は輪換放牧が不可能な飛び地を抱えているので、採草専用地では化学肥料が欠かせない状況にあった。

このことからも窺われるように、三友酪農の基本理念である草地1haに対して成牛換算頭数1頭という適正比例は、三友農場における理想的な目標としては納得できてはいるものの、成員の飛び地状況、保有耕地面積、乳牛の改良状況及び家族数の状況によって、そのバランスは絶えず揺れ動いてきた。最近になって、やっと、構成員個々の経営事情に見合った農場トータルとしての適正比例（ジャスト・プロポーション）が次第に定着しつつある。つまり、草地1ha当たり成牛換算頭数1頭という適正比例を経営の目安とし、最終的には自己の経営状況に照らして、昼夜放牧を前提に、土地利用、粗飼料の調製方法、さらには放牧の具体的方法を弾力的に考えるという、多様性を認知している。

したがって、マイペース酪農交流会に結集しているメンバーの具体的な経営方式は、ほぼ三友酪農型の農法といえるが、普及している呼び方は「マイペース酪農」であるので、以後、「三友酪農」を「マイペース酪農」に一本化したい。

２．マイペース酪農の浸透過程

マイペース酪農交流会の歴史を見ると、1986年の第1回から第5回までは、年次交流会のみであったが、1991年の第6回からは月例のマイペース酪農交流会も開始されている。

参集範囲は会員に限定せず、研究者や関係指導機関の担当者、あるいは乳業会社関係者や地域のボランティアも含め、参加したい人は誰でも自由に参加できるようになっている。年次交流会への参加者人数の把握は、1992年の第7回以降からであり、図3-1に示した通りである。

この図によると、近年は酪農適塾を経由した学生の参加がやや増加傾向にあるが、酪農家の参加数はあまり変化していない。

第3章　マイペース酪農運動の経過

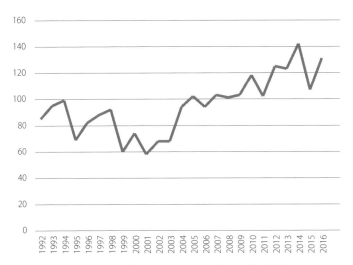

図3-1　マイペース酪農年次交流会への参加者数の動向

　また参加した人たちのすべてが現地の酪農家であるというわけではない。マイペース酪農を実践、あるいはそれに興味を持っている酪農家及び新規参入予定の研修者、そして大学や試験研究機関の研究者も、全道あるいは全国から参加している。特に注目されるのは、増加要因となっている学生の参加である。従来までは大学の教員が自分の興味でこの交流会に参加していたが、教育効果が高いと感じて学生を積極的に引率して参加するようになったからである。

　また、参加する範囲は地域的に拡大し、これまでに編集された「交流会」出席者名簿に記録されている道内市町村名は、札幌市、旭川市、帯広市、足寄町、幕別町、士幌町、釧路市、白糠町、せたな町、八雲町、ルスツ町、喜茂別町、恵庭市、北見市、大空町、白滝村、小清水町、紋別市、枝幸町、浜頓別町、猿払村、豊富町などと、全道各地に広がり、さらには、府県からの参加者も見られる。この中には、マイペース酪農実践者だけではなく、慣行酪農からの参加者も存在する。

　こうした中で、「マイペース酪農交流会」と「酪農適塾」、さらには三友氏

105

独自の講演会活動と執筆活動に刺激を受けて、それぞれの地域の中から、独自の事務局をもった放牧酪農交流会が誕生している。それは、現在、五グループあり、一つは「もっと北の国からの楽農交流会」（紋別市、枝幸町、浜頓別町、中頓別町、美深町、中川町、音威子府村）、二つは「北海道放牧ネットワーク交流会」（足寄町）、三つは「道南酪農交流会」（せたな町、八雲町、北桧山町、喜茂別町、ルスツ町）、四つは「道央グループ」（芦別市、上富良野町、南富良野町）、五つは「オホーツクグループ」（北見市、湧別町、佐呂間町、生田原町）となっている。

　このうち、足寄町の「北海道放牧ネットワーク交流会」は、1996年にニュージーランドの集約放牧方式の導入を目指して結成された「放牧酪農研究会」がルーツである。集約放牧とは、乳牛が牧草を半日から1日で食べつくす広さに電気牧柵で放牧地を区切り、輪換放牧することで草丈が低く栄養価の高い牧草を採食させて、高乳量を維持する放牧方式である。放牧の仕方は異なっていても放牧酪農ということで共通点があることから、マイペース酪農交流会と交流している。しかし、季節分娩と収益追求を優先するところが北海道放牧ネットワークの特徴であり、マイペース酪農とは、かなりの相違点がある。

　マイペース酪農の放牧方式は、牧区を細かく区切らず、比較的広い牧区に放牧する定置放牧に近い形の粗放放牧である。それは牛に、臭いのきつい不食過繁茂草を無理やり食べさせるようなストリップ・グレージングをしないようにすることと、その放牧地における不食過繁茂草が果たす草地維持管理上の役割を考慮しているからである。また、分娩も結果として季節分娩の傾向になることは否定しないが、積極的に誘導することはしていない。

　「もっと北の国からの楽農交流会」と「道南酪農交流会」のメンバーは、最初から三友農場の研修や薫陶を受けた酪農家が多かったこともあって、マイペース酪農に触発されて結成された。これらの交流会では、当初北海道放牧ネットワークと共催する形で、放牧酪農を推進してきたが、最近ではマイペース酪農の神髄を追求するために三友氏を招いて講演会を開催するととも

に、直接指導を受ける機会を設けている。

これらの交流会も、本家のマイペース酪農交流会と同様、三友氏の提案によって、年1回はメンバーのクミカン公開を模索している。「道南酪農交流会」ではすでに実施している。「もっと北の国からの楽農交流会」は2017年から公開する予定である。

これらの地域では新規就農者が多く、「酪農交流会」の開催によって彼らの酪農経営安定化に実績を挙げつつある。そして、その交流会には

写真5　年次交流会で資料の説明をしている事務局長の森高哲夫氏

全道からマイペース酪農家や大学教員・学生も結集し、年々盛会になっており、その熱気は本家（根釧地域）の「マイペース酪農交流会」と匹敵する勢いにある。

このようなマイペース酪農が今日のような広がりを可能にした基本的な要因は、三友氏の著作（著書『マイペース酪農』や『現代農業』へ寄稿された論考）や講演活動に対する理解が深まったことと、マイペース酪農交流会の機関紙『マイペース酪農交流通信』の発行を担ってきた事務局の存在が挙げられる。

特にこの事務局は、1986年に第1回「別海酪農の未来を考える会」が開催されたときに結成された事務局が引き続き担ってきたが、今や全道レベルでの放牧酪農の事務局の存在になっている。その中心人物が森高哲夫氏である。森高氏は、酪農適塾に常時参加するとともに、三友氏を補佐して全道で開催されるマイペース酪農関係の交流会にも必ず参加して助言を行っている。

マイペース酪農は、家畜飼養技術のほかに、自然生態系の維持、生物多様性、アニマルウエルフェア、そして地力保全などの知識集約的農業であり、

従来までの収益性一辺倒の慣行酪農とは正反対の発想を必要とする場合もあるので、誰にでも直ちに取り組める農業ではない。しかし、このような事務局や各地の自主的な交流会があって初めて、マイペース酪農は少しずつではあるが面として広がりつつあると評価できる。

3．マイペース酪農の経済的効果

（1）マイペース酪農とA農協管内酪農の平均値比較

　これまでマイペース酪農が自然環境や乳牛にやさしく、しかも、労働が著しく軽減されている実態を紹介してきた。しかし、マイペース酪農に取り組んでいる酪農家といえども市場経済社会で生活しているのであるから、自然循環に寄り添うことを第一義的に考えて行動した結果において生活を支える農業経営の収益性を確保しているのかが問題になる。

　三友牧場の経営収支については、既に第二章の**表2-3**で詳しく検討してきたが、ではマイペース酪農に取り組んできた交流会メンバーの経営はどうなっているのであろうか。

　そこで、農業経営データを提供してくれたマイペース酪農交流会に結集している酪農家（マイペース酪農家）8戸の平均値と、それらの酪農家が加入しているA農協の搾乳酪農家（マイペース酪農家も含む）との平均値比較を通じて、経済性について検討する。

　表3-1によれば、両者とも2010年以降は、あまり規模拡大が進んでいない。その中で、マイペース酪農家の1戸当たりの経産牛頭数は2007年で45頭、2010年で44頭、2012年で45頭、2013年で45頭、そして2014年で46頭に止まっている。

　一方、A農協組合員1戸当たりの平均経産牛頭数は、2007年の73頭から次第に増加し、2013年に83頭とピークに達したが、2014年には78頭と減少している。この理由は、大規模酪農家の一部が、農協から離脱し、系統外出荷を行っているためである。

　収益性を表すクミカン農業所得は、2007年を除けばA農協平均をやや上回

第3章　マイペース酪農運動の経過

表 3-1　マイペース酪農と A 農協生乳生産農家との経営比較

区分	項目	単位	2007 年	2010 年	2012 年	2013 年	2014 年
マイペース酪農	草地面積	ha	58	60	60	61	61
	経産牛頭数	頭	45	44	45	45	46
	出荷乳量	トン	286	282	291	276	286
	乳代	万円	2,001	2,205	2,371	2,306	2,489
	個体販売	万円	442	333	345	403	420
	その他収入	万円	319	289	296	283	279
	農業収入合計	万円	2,762	2,827	3,012	2,985	3,188
	購入飼料費	万円	427	447	460	497	500
	購入肥料費	万円	114	134	125	123	128
	支払利息	万円	14	9	7	12	13
	その他支出	万円	947	942	1,015	1,045	1,035
	農業支出合計	万円	1,502	1,532	1,607	1,676	1,676
	農業所得	万円	1,260	1,295	1,405	1,306	1,512
	農業所得率	%	45.6	45.8	46.6	43.8	47.4
	資金返済	万円	192	113	137	139	123
	可処分所得	万円	1,068	1,182	1,268	1,167	1,389
	乳飼比	%	21.3	20.3	19.4	21.6	20.1
	頭当乳量	kg	6,355	6,409	6,466	6,081	6,217
A 農協の酪農家平均	草地面積	ha	75	78	78	78	78
	経産牛頭数	頭	73	79	81	83	78
	出荷乳量	トン	548	584	611	606	579
	乳代	万円	3,869	4,700	5,091	5,172	5,181
	個体販売	万円	386	452	450	523	602
	その他収入	万円	572	688	674	713	592
	農業収入合計	万円	4,827	5,841	6,215	6,408	6,375
	購入飼料費	万円	1,406	1,779	1,933	2,134	1,966
	購入肥料費	万円	182	270	270	256	272
	支払利息	万円	92	75	67	63	59
	その他支出	万円	2,174	2,372	2,333	2,419	2,450
	農業支出合計	万円	3,854	4,496	4,603	4,872	4,747
	農業所得	万円	973	1,345	1,612	1,536	1,628
	農業所得率	%	20.1	23.0	25.9	24.0	25.5
	資金返済	万円	414	500	531	480	495
	可処分所得	万円	559	845	1,081	1,056	1,133
	乳飼比	%	36.3	37.9	37.9	41.3	37.7
	頭当乳量	kg	7,506	7,392	7,515	7,281	7,417

注：1）マイペース酪農家は 8 戸平均。A 農協は 2012 年は 583 戸平均、2013 年は 563 戸平均、2014 年は 530 戸平均。2007 年と 2010 年は不明。いずれも TMR センター利用農家を除いた戸数。
　　2）農業所得は、クミカンの農業収入合計から農業支出合計を差し引いた値。したがって、減価償却していない、いわばクミカン農業所得を意味する。

っている。しかし、資金返済を控除した資金返済後のクミカン農業所得は、ここで掲げた2007年、2010年、2012年、2013年、2014年のすべての年次でマイペース酪農家がA農協平均を上回っている。このことは、実質的な可処分所得はA農協平均がマイペース酪農家平均を下回っていることになる。

この理由としては、乳飼比、つまり乳代に占める購入飼料費のウエートがマイペース酪農家の方がA農協平均よりも著しく低いことがある。そして、農業所得率も高いことから、全般的にマイペース酪農家は、総収入は少ないが、農業支出がそれ以上に少ないという経営効率の高さから、結果として農業所得の目減りが少なく、規模拡大をしていないため借金が少なく、実質的な可処分所得である資金返済後の農業所得が多くなっているのである。

(2) A農協管内における農業所得率階層別の収入と支出の平均値比較

表3-1に示したA農協の搾乳酪農家の平均値には、さまざまな規模や乳牛管理方法、そして経営効率に差異のある農家が含まれているため、マイペース酪農家と比較してもより詳細な情報は得られない。そこで、A農協の搾乳農家全員の経営効率指標としてクミカン農業所得率を取り上げ、その階層別に収入と支出、そして経営指標を表3-2に掲げ、経産牛規模と所得率の関係を比較検討することにした。

この結果から明らかになったことは、次の通りである。

第一に、まずTMRを採用している農家と採用していない農家を比較する。経産牛飼養規模ではTMR農家98.1頭、非TMR農家は78.2頭と20頭近く差があり、農業収入も4,176万円もの差がある。しかし、農業所得面ではTMR農家1,797万円、非TMR農家1,628万円とその差は168万円に止まっている。その理由としては、TMR農家の所得率が17.0％とあまりに低いからである。

その結果、非TMR農家のうち所得率30〜40％、40％以上の農家の農業所得は1,832万円、2,200万円とTMR農家の所得より絶対額で上回っている。

では、所得率の高い非TMR農家の経産牛規模をみると、農業所得率30〜40％層の経産牛規模は67.8頭、40％以上層は55.0頭と、経産牛頭数が少ない

第3章 マイペース酪農運動の経過

表3-2 A農協管内における農業所得率階層別の収入と支出の平均値（2014年）

単位：千円

農業所得率階層		計	TMR除く戸数合計				TMRセンター利用農家
			20%未満	20〜30%	30〜40%	40%以上	
経産牛（頭）		78.2	107.1	72.1	67.8	55.0	98.0
農家戸数（戸）		530	134	205	144	47	31
収入	生乳	48,619	68,698	45,076	40,490	32,161	79,529
	補給金	3,191	4,493	2,963	2,667	2,113	5,196
	乳用牛	3,457	4,005	3,310	3,109	3,617	4,728
	肉用牛	2,561	3,440	2,047	2,427	2,718	3,110
	その他畜産物	4	14	2	0	0	0
	家畜共済金	1,885	3,412	1,564	1,307	731	3,410
	畜産収入合計	59,717	84,062	54,962	50,000	41,340	95,973
	その他農産物	118	124	127	119	60	2,317
	農雑収入	3,919	5,314	3,656	3,455	2,540	7,226
	農業収入合計	63,754	89,500	58,745	53,574	43,940	105,516
支出	雇用労賃	1,261	3,692	539	372	251	1,342
	肥料費	2,723	3,330	2,767	2,424	1,729	791
	生産資材費	2,447	3,398	2,383	2,121	1,029	1,830
	水道光熱費	4,017	5,847	3,816	3,245	2,080	5,962
	飼料費	19,654	31,975	18,235	13,928	8,527	53,667
	養畜費	2,980	5,007	2,706	2,045	1,307	5,397
	素畜費	56	35	109	16	9	1
	農業共済掛金	2,017	3,248	1,804	1,552	886	3,527
	賃料料金	5,554	8,634	5,227	4,147	2,569	6,464
	修理費	3,138	4,613	3,039	2,455	1,483	2,563
	租税負担金	2,011	2,803	1,838	1,737	1,373	3,639
	支払利息	586	962	552	423	170	1,263
	その他経営費	1,027	1,706	869	786	532	1,103
	農業支出合計	47,471	75,250	43,884	35,251	21,945	87,549
その他	家計費	7,763	4,364	8,576	9,430	8,729	7,251
	資金返済	4,952	7,122	4,775	4,003	2,487	5,933
	共済貯金	5,920	6,605	5,060	5,354	9,469	8,056
	農業機械	705	981	482	486	1,566	338
	その他支出	1,306	1,696	1,126	1,248	1,167	2,445
	支出合計	69,487	96,018	63,903	55,772	45,363	111,572
指標	農業所得	16,283	14,250	14,861	18,323	21,995	17,967
	所得率（%）	25.5	15.9	25.3	34.2	50.1	17.0
	出荷乳量（トン）	579	809	539	485	380	913
	経産牛1頭当乳量（kg）	7,398	7,564	7,472	7,156	6,903	9,573
	乳飼比（%）	37.9	43.7	38.0	32.3	24.9	63.3

資料：A農協の搾乳農家のクミカンを集計したもの。出典はマイペース酪農2016年交流会資料。

注：1）農業所得は、農業収入合計－農業支出合計＝クミカン農業所得を意味する。したがって、所得率は、クミカン農業所得率となる。このため、減価償却費は含まれない。
　　2）家族労賃は農業所得に含まれる。

規模で、高い経営効率をあげていることがわかる。酪農経営においては、規模の経済性は貫徹していないのである。

第二に、TMR農家の大半は、フリーストール・ミルキングパーラーの乳牛管理方式を採用している。したがって、タイストールからフリーストールに移行すれば、所得が高まるという神話は、崩れているのである。

第三に、このA農協の平均値には、マイペース酪農交流会に参加している酪農家が30数戸含まれているが、前表で見た通り交流会結集農家8戸平均の所得率は、40%以上なので、この30数戸の所得率は40%以上層に含まれていることが窺い知れる。

以上、雑駁な試算ではあるが、おおむねマイペース酪農の収益性がすぐれていることを明らかにした。

しかし、ここで検討した数値は、マイペース酪農発祥の地である北海道東部の草地酪農地帯での分析に限定される。では、全道各地の酪農経営との比較では、どうなっているのだろうか。

この問題については、藤本秀明氏が執筆した第4章に譲ることにする。彼はマイペース酪農を「低投入持続型経営」と定義し、その比較対照に慣行的(無放牧)酪農経営を選定して、技術構造と経済性に関する調査・分析を実施している。

第3節　マイペース酪農の課題

1．マイペース酪農の定着・持続条件

マイペース酪農交流会を通じて妻たちの経営参画が進み、経営主ばかりでなくその妻たちも輝き始め、酪農適塾の設立による適塾会員の参加もあって、一時停滞していた交流会は盛り上がってきている。

以上のマイペース酪農の定着過程からみると、運動をより盛り上げるためには、第一に酪農適塾とマイペース酪農交流会をドッキングしたフィールド研修スタイルの酪農交流会が有効であることが明らかになった。

したがって、今後、マイペース酪農が持続的に浸透するためには、事務局機能を備えている「道東のマイペース酪農交流会」と「酪農適塾」、「もっと北の国からの楽農交流会」、「道南酪農交流会」だけでなく、事務局機能を持った交流会を他地域でもっと増やす必要がある。

　事務局はまだもっていないがマイペース酪農に理解を示している「道央グループ」と「オホーツクグループ」、あるいはその他の地域でグループを結成し、事務局機能を備えて、酪農適塾のような教育・研修機能を併せ持つ交流会ができるようにすることが必要である。

　第二に、マイペース酪農を実践している酪農家も、その後継者を育成することに苦労している。酪農交流会に参加することで、後継者はマイペース酪農の技術的側面や経営のノウハウをある程度習得できるが、マイペース酪農の神髄は、「人間としての生き方」であるから、それをどのように培うかが問題である。マイペース酪農でも慣行酪農でも、経営者が自分の子供を有能な経営者に育て上げることに頭を悩ませる。

　このような事情は世界各国どこでも同じであろう。ドイツでは農業マイスター制度というものがあり、農家の子弟は農業マイスター農家の下に修行の旅に出されるのである。農業マイスター農家の子弟でも、他の農業マイスターのところで修行をする。他人の飯を食べることの意義を大きく評価しているからであり、まさに日本の諺にある「かわいい子には旅をさせよ」のドイツ版である。

　この農業マイスター制度は、第二次大戦後の1951年に導入され、長い歴史を持つ手工業のマイスター制度（中世のギルド等に由来する）に比べれば新しいものではある。まず見習の段階を経て、2年もしくは3年間の専門的な職業教育をマイスター農家のところで受け、一通りの技術を習得したと認定される「ゲヒルフェン」（Gehilfen、農業士補）の段階となる。さらに3年間の営農経験（自分の家でもよい）を積んで実務ならびに理論を学習した上、論文を作成してマイスター試験に合格することが必要になる[4]。

　ドイツにおける農業マイスターのメリットは、第一に優れた農業経営者が

育つこと、第二に企業の農場管理者、農業教育機関や農業団体・スタッフなど、農業分野での就職口があるということである。

残念ながらわが国では、このような農業マイスター制度は存在していない。その代わり、慣行酪農では農業大学校制度や指導農業士制度が設けられているが、あくまでも農政推進上の模範農家、どちらかと言えば大規模農家が対象となっている。

マイペース酪農の実践者は、農政とは異なる方向を目指しているので、有能なマイペース酪農経営者を育てることは、焦眉の急である。その意味で、全道各地に展開するマイペース酪農家が結集して、新しい後継者育成システムを構築する必要が出てきた。

後継予定の子弟に酪農経営を引き継ぐ意思があるかどうかを確認し、引き継ぐ決意を示した場合は、仲間のマイペース酪農家の下に2～3年間の修行（ドイツのゲヒルフェンに相当する）に出すことも考えられる。

当面は、酪農適塾のような指導力を強化するためのマイペース酪農交流会を充実することである。

2．マイペース酪農を普及する上での問題点

マイペース酪農は着実に浸透しているとはいえ、慣行酪農からマイペース酪農に転換する酪農家はそれほど多くはない。その理由について三友盛行氏は次のように語っている。

酪農家の立場からいえば、誰もが安定した営農と暮らしを望んでいる。そのためには安定した経営組織形態をつくりたいと考え、普通の慣行酪農を選んでいるのではないか。どうして慣行酪農に魅力があるかといえば、安定した経営ができると思えることがあるからである。その理由は二つある。

一つは、生産規模に対する不安であり、規模拡大をして農業収入を増やすことが安定した営農を実現できると錯覚し、そのため、生産規模の拡大を可能にするため機械化と施設化を推進しようとする。このことは抜本的な経営安定方法ではないが、経営費のことを考えず、収入だけを見ると短期的には

第3章 マイペース酪農運動の経過

安定しているようにみえるのである。

　二つは、社会と同一性が保たれることである。社会的同一性とは、慣行酪農が高泌乳・多頭化路線をとる限り、飼料会社、機械・肥料メーカーとの関りが密接であり、農政や農協との親和性も高くなるので心地よい関係を保つことができるからである。

　しかし、三友氏は果たしてそれで良いのだろうかという疑問を提起している。私も同感である。大規模化すれば規模の経済性が発現し、所得が安定的に向上するという前提は、既に第2章と本章（そして後述の第4章）の分析で、崩壊していることを実証してきたが、この命題は依然として農業の現場では農政に支えられて生き続けているのである。その背後には、アメリカの飼料穀物協会の思惑も見え隠れしている。

　さらに、二つ目の社会的同一性も問題である。高泌乳のための配合飼料や規模拡大のための機械・施設、そしてそれと関連する生産資材を供給する企業にとっては、市場の拡大による利益向上の機会がもたらされるのに対し、酪農家にとっては飼料費を含め経営費が高まり、農業所得率を低下させている原因にもなっている。

　この点については、貿易の自由化に反対する稲作農家の春日基氏の見解を紹介しておきたい。「関係機関や政党、マスコミが農業を守らなければならないと声を上げていることに、実は不信を持っている。それは、農業者にとっては何であろうと今日を生きることができればよいのである。もちろんこれからの農業に活路があるならばそうあってほしいと思うのは当然である。だが、これだけ叩かれれば『好きにしてくれ』と居直りたくもなる。なのに農業を守ろうとする側は必死になっている。いったいこれはどういうことなのだろうか。『守る』というのは守られる弱者があって成立する関係である。もし、その弱者がなくなれば守る側の存在が不要となる。つまり守ることを職業とする人を失職させることになる。……農協を始めとして農業委員会、食糧事務所、農政機関、農業改良普及所、農業試験場、土地改良区、信用金庫、農業教育。また、農機具会社、肥料会社、農薬会社、種苗会社、飼料会

社、雑穀会社、関係する流通会社等。農業なしでは存在しない職種、会社があまりにも多すぎるのではないか。……農家がこれらの人々に職を与えているとしたら、いくら農家が頑張ってもコストは下がらないであろう。(中略)

　農業がなくなって本当に困るのは農家ではなく、農業に依存する職業が一番困るのではないだろうか。この辺を考えると、農家ではない農業関係者の合理化をしなければならないような気がするのである。」[5]

　春日氏の発言は、あまりにも辛辣で耳が痛いが、正鵠を得ている。農業の主役はあくまでも農家である。農家がコスト低減をしようとしても、そこに立ちふさがるのは農業に依存している農業関連産業であることをずばりと指摘している。先の三友氏の発言は、農業関連産業に遠慮しないで、自分の経営のコスト削減について勇気をもって決断してみたらどうかという提案でもあろう。

　慣行酪農経営の農家に、マイペース酪農への転換を勧めても、従来から自分たちが経営してきたやり方を全面否定し、その正反対のやり方を採用することは、自己否定にもつながりかねず、容易なことではないので、なかなか認めようとはしない。

　しかし、地域社会の風潮も、最近の配合飼料価格の高騰化に伴って風向きが少しずつ変化し、マイペース酪農が認知されつつある。

　この背景としては、全道的にマイペース酪農がある程度定着し、その活躍が目立つようになってきたからである。新規参入者の定着を支援し、地域の過疎化を防ぐ働きが認められたのである。このことによって、二束三文であった慣行酪農の離農跡地の農地や建物施設は、新たに価値ある資産として蘇ったのである。

　三友氏によるマイペース酪農関係の著作や講演活動とともに、マイペース酪農交流会や酪農適塾によるマイペース酪農の啓蒙活動が次第に効果を発揮しつつあるとみることができる。この活動が新規就農希望者や後継者の学習の場となり、「もっと北の国からの楽農交流会」や「道南酪農交流会」が、ある意味では本家の「マイペース酪農交流会」よりも活性化している側面も

見受けられる。その活性化要因として考えられることは、問題を抱えた農家に訪問して行うフィールド研修にある。

　これらの交流会では、酪農適塾と同様に三友氏が教育・指導を担っており、三友氏が思う存分、指導力を発揮する場が与えられているからであろう。そして、三友氏の弟子たちも次第にマイペース酪農経営者としての力量を蓄積し、その実力を発揮し始めたのである。

注
1）神田健策「根釧・別海酪農の発展と労農共闘」美土路達雄・山田定市編著『地域農業の発展条件』御茶の水書房、1985年を参照。
2）吉野宜彦「マイペース酪農交流会」『地域農業研究叢書、農業者の自主的研究会活動を通じた経営発展』北海道地域農業研究所、2002年を参照。
3）徳川直人「低投入型放牧酪農の経営と暮らし(9)」『畜産の研究』第55巻第5号、2001年を参照。
4）七戸長生『世界の農民像』農文協、1995年を参照。
5）春日基『「農を守る」に思う。どうするこれからの北海道』北海道農業構造研究会、1988年を参照。

第4章

慣行酪農と低投入酪農の経営比較

第1節　課題と方法

1．課題

　本章の課題は、畑作地帯に立地している慣行酪農とマイペース酪農に代表される低投入酪農を、技術的側面と経済的側面から比較し、両者の特質を明らかにすることである。

　私は、大学で飼料学を専攻し、1974年に卒業した後、種苗・飼料メーカーに就職し、北海道内で乳牛用配合飼料の製品開発など乳牛と関連する部門に従事してきた。

　業務のベースとなる知識や技術は、大学で学んだものの他に、1975年頃に日本に紹介された膨大な米国の乳牛に関する栄養学や酪農技術だった。この技術提供は、米国農務省の外郭団体であるアメリカ飼料穀物協会日本代表部によって準備され、多数の著名な酪農学者が日本各地で数年間にわたって酪農講習会を行うという形が展開された。そこで紹介された内容は全くの新規情報であったため、酪農家や我々関係者に大きな衝撃を与えた。そしてこの時期以降、日本での乳牛用配合飼料の使用量と1頭当たり乳量は急増した。

　後年、協会日本代表部元副代表はTVで、取り組みの目的は安価な余剰米国産トウモロコシの日本への輸出拡大であり、その目的は達することができたし、日本の生産者にとってもメリットがあったはずだと語っていた。

　このように私の世代は、米国酪農技術が日本へ紹介される以前とそれ以降

の酪農技術と酪農現場の双方を知る世代である。現在の酪農技術の流れは、その時の米国酪農技術の延長線上にあるとみる。私は、2004年に後述の調査牧場Gと出会い、低投入持続型の優良な酪農経営の存在を初めて知った。これ以降、G氏やG氏と交流のあったマイペース酪農交流会や三友盛行氏との交流が始まった。

G氏は昭和20年代生まれであり、壮年期までは米国式酪農技術による高泌乳経営を実践しており、1992年には乳牛1頭当たり平均乳量1万kg/年に達している。しかし、その数年後に低投入持続型の経営に転換し始めた。最終的には、化成肥料を一切施用せず、幼齢牛を除く乳牛に購入飼料を全く給与しない、経産牛1頭当たり乳量6,000kg/年の経営となり、引き続き優良な経営を維持した。私は、G氏が話した「皆がやっている飼料計算や施肥設計は、古典物理学の世界なんだよね。」などの言葉に戸惑いを感じると同時に、G氏がなぜ、そして、どのように転換したのか、また現在の状況などについて、強い関心を抱いた。

2．調査牧場の選定と概要

道内の畑作地帯で一般的に行われている米国式酪農技術をベースとした慣行的な酪農経営（以下、慣行酪農）と、それとは大きく異なる低投入持続型の酪農経営（以下、低投入酪農）について、経営の特質に関する比較分析をするため、優秀農家を選定した。

調査牧場数は7戸であり、すべて異なった経営スタイルの家族経営とした。慣行酪農は道央から道北の畑作地帯の4戸、低投入酪農は道東2戸、道南1戸の3戸である。選定に際しては、それぞれの経営形態を代表すると考えられる牧場にご協力頂いたが、経営主はどなたも熟年世代であり、人格的にも技術的にも優れた、地域での指導的な立場の方々である。7戸の経営の特徴を要約したのが**表4-1**、概要は**表4-2**に示した。

調査は2015年春先に、前年2014年の生産実績や収支等を聞き取りしたが、頭数、乳牛の体格、乳成分および作業時間の一部については過去のデータを

第 4 章　慣行酪農と低投入酪農の経営比較

表 4-1　調査牧場の特徴

区分	調査牧場	地域	飼養形態	特徴
慣行経営	A	道央	繋・舎飼	・道央地域での平均的酪農経営の典型例として（飼養頭数、生産乳量） ・コーンサイレージ・ラップ牧草を通年給与
	B	道北	繋・舎飼	・TMRセンターの構成員例（外部委託活用）として ・家族で経産牛を主体に飼養（育成牛はほとんどを外部預託）
	C	道央	繋・舎飼	・高能力牛群による高泌乳生産経営例として（個体販売収入も多い） ・TMRを調製し給与（1種類）、最近の慣行経営では稀な乳牛の運動を毎日実施
	D	道北	フリーストール舎飼	・フリーストール経営例として、副業的にETの和牛素牛生産も ・粗収入追求経営、積極的に設備投資
低投入経営	E	道東	繋・夏期放牧	・「マイペース酪農」の典型例として ・草地無更新、夏期は昼夜放牧、冬期は運動毎日実施（F、Gも同様） ・20年前に高泌乳経営から転換、F牧場と懇意
	F	道東	繋・夏期放牧	・50年間変わらぬ酪農経営スタイル継続という稀な例として ・草地無更新、化成肥料無施肥、夏期は昼夜放牧 ・冬期の給与粗飼料は8月収穫の1番乾草
	G	道南	繋・夏期放牧	・購入飼料無給与（若牛・成牛）・化成肥料無施用例として ・草地無更新、夏期は昼夜放牧 ・20年前に高泌乳経営から転換、E、F牧場と同一グループではないが交流あり
参考	A農協	道東	-	搾乳農家組合員560戸の平均値（2014年）
	道内搾乳牛50頭規模	全道	-	農水省・2013年度畜産物生産費の50頭規模

使用している。

　各牧場の特徴と概要についての補足は以下の通りである。BのTMRセンター加入動機は、腰痛悪化に伴う営農継続策としてである。Cは北海道を代表する、高能力牛群による高泌乳生産牧場である。極めて高い産乳能力を有する牛群を飼養し、道内でトップクラスの産乳成績を長年維持している。Dの積極的な設備投資としては、哺乳ロボットやバイオガスプラント設置などがある。

　牧場Eの経営主であるE氏も私と同じ昭和20年代生まれであり、G氏同様、壮年期までは高泌乳経営を追求し、1990年には乳牛1頭当たり平均乳量1万kg/年を突破している。規模拡大を検討している時期にF氏と出会い、その考え方や実践に共鳴し方向転換を図り、今日に至っている。F氏は本書のモチーフである三友盛行氏である。Gの低投入酪農への方向転換は、放牧不適

表 4-2 調査牧場の概要

項目		単位	慣行経営				低投入経営			道内搾乳牛
			A	B	C	D	E	F	G	50頭規模
飼養頭数	搾乳牛	頭	38.4	56.5	57.0	104.1	37.0	29.5	22.9	
	乾乳牛	頭	3.7	5.0	6.0	12.0	7.0	4.5		22.9
	経産牛計[1]	頭	42.1	61.5	63.0	116.1	44.0	34.0	22.9	53.3
	育成牛	頭	23.0	50.0	50.0	75.0	29.0	27.0	9.0	41.6
	成牛換算[2]	頭	11.5	25.0	25.0	37.5	14.5	13.5	4.5	20.8
	成牛換算頭数計	頭	53.6	86.5	88.0	153.6	58.5	47.5	27.4	74.1
乳量	出荷乳量	t/年	395	609	766	1,163	321	176	156	404
	頭当乳量[3]	kg/頭	9,388	9,897	12,156	10,021	7,294	5,176	6,790	7,584
繋留方法			スタンチョン	コンフォート	スタンチョン	フリーストール	スタンチョン	スタンチョン	左右支点移動	
飼養方法			通年舎飼	通年舎飼（運動有）	通年舎飼	通年舎飼	夏期：昼夜放牧 冬期：舎飼（運動有）	夏期：昼夜放牧 冬期：舎飼（運動有）	夏期：昼夜放牧 冬期：舎飼（運動有）	
敷料			牧草	籾殻	麦稈	麦稈	牧草	牧草	牧草	
耕地面積		ha	45.0	42.7	67.5	60.8	57.4	46.2	32.9	59.1
従事者数	経営主		60代	50代	50代	50代	60代	60代	60代	
	妻		50代	50代	50代	40代	60代	60代	50代	
	父母・子		20代	70代	20代	20代	30代	研修生主婦20代		
	総数	人	3	3	3	3	3	4	2	
	実働人数[4]	人	2.1	2.0	2.7	2.7	2.5	1.5	2.1	2.6
実働人数当たり	成牛換算頭数	頭/人	25.5	43.3	32.6	56.9	23.4	31.7	13.0	35.3
	出荷乳量	t/人	188	304	284	431	128	117	74	192

注：1）経産牛頭数や1頭当たり乳量等は、乳検に加入している慣行経営4戸は乳検行経営データを使用したが、加入していない低投入経営3戸は別途調査した。
2）成牛換算は、育成牛2頭で成牛1頭として換算した。
3）E、Fおよび Cの飼養頭数は正確な年間平均頭数ではないため、これらの牧場の頭数に関わる数値は正確な年間平均値ではない。なお、Gの1頭当たり乳量は例年約6,000kgであるが、2014年は前年収穫した牧草の品質が良好なため高乳量となった。
4）経営主の年間労働時間を1.0とした場合の人数。ただし、Fの場合は研修生も含めた実際の人数。実際の人数は研修生も含めて正味2.1人と評価している。
なお、Gは妻の労働時間が経営主の投下労働時間を上回ったため、実際の人数は2人だが正味2.1人と評価している。

な土地条件だったため採草利用体系の中で始めたが、隣家の離農により放牧が可能となり、2002年に放牧を始めている。2006年から購入飼料無給与となった。G氏は残念ながら2016年に死去されたが、彼の酪農についての考え方は、彼独自のものに交流のあったE氏や、F氏らの考え方が加味されたものと考えられる。

以上のように、慣行酪農は従来から一貫して継続しているのに対して、低投入酪農は慣行酪農からの離脱や当初から慣行酪農とは無縁の経営も含まれる。両者の大きな違いは、低投入酪農は昼夜放牧を採用しているが、慣行酪農は無放牧である。また、飼養規模についても大きな違いがある。両者の飼養規模の平均値を比較すると、慣行酪農は低投入酪農対比、成牛換算（以下、成換）頭数で2.1倍、1頭当たり乳量は1.6倍多く、その結果出荷乳量は3.4倍となっている。他方、耕地面積と実働従事者数はいずれも1.2倍と余り変わらない。

第2節　調査牧場の技術構造

1．調査牧場の土地利用状況

土地の面積、用途や乳牛1頭当たり面積等を**表4-3**に示したが、この表から次のことが言える。

第一点として、慣行酪農は全てサイレージ用トウモロコシを栽培しているが、低投入酪農はいずれも栽培していない。これについてG氏は、栽培や収穫作業の間は牛舎管理が疎かになることや、カロリーに偏った飼料であることなど、メリットよりもデメリットが大きいと語った。

第二点として、慣行酪農は放牧を行っていないが、低投入酪農は全て放牧を行っている。慣行酪農は放牧の良さを認めながらも、その選択肢はないようである。他方、低投入酪農、特にE、Fでは、放牧は必要不可欠なものと位置づけている。

第三点として、慣行酪農の成牛換算1頭当たり面積は経営方針に応じて多

表4-3 用途別土地利用面積と乳牛1頭当たり面積

用途	項目	慣行経営				低投入経営		
		A 平均的経営	B 外注型経営	C 高泌乳経営	D フリーストール経営	E マイペース典型例	F マイペース原型	G 無施肥・無配合経営
サイレージ用トウモロコシ	圃場枚数、枚	6	5	4	4			
	面積範囲、ha	0.5〜2.0	0.7〜3.1	1.4〜8.0	2.5〜15.0			
	面積、ha	8.0	8.3	19.1	28.0			
採草地	圃場枚数、枚	17	10	8	5	7		13
	面積範囲、ha	0.2〜6.0	0.2〜10.2	1.3〜15.1	0.8〜20.0	3.0〜9.2		1.0〜3.2
	面積、ha	37.0	34.4	48.4	32.8	28.6		23.1
放牧地	圃場枚数、枚					3	9	1
	面積範囲、ha					1.0〜15.0	0.6〜5.6	-
	面積、ha					19.0	23.9	9.8
兼用地	圃場枚数、枚					3	6	
	面積範囲、ha					2.3〜4.5	1.7〜6.2	
	面積、ha					9.8	22.3	
耕地合計	圃場枚数、枚	23	15	12	9	13	15	14
	面積範囲、ha	0.2〜6.0	0.2〜10.2	1.3〜15.1	0.8〜20.0	1.0〜15.0	0.6〜6.2	1.0〜3.2
	面積、ha	45.0	42.7	67.5	60.8	57.4	46.2	32.9
平均圃場面積	ha/枚	2.0	2.8	5.6	6.8	4.4	3.1	2.4
圃場分散程度[注]	km²/ha	0.097 除1圃場	0.055 除5圃場	0.021	0.019 除20ha	0.030 除3圃場	0.015	0.130
成牛換算頭数	頭	53.6	86.5	88.0	153.6	58.5	47.5	27.4
成換1頭当たり面積	ha/頭	0.84	0.49	0.77	0.40	0.98	0.97	1.20

注：圃場分散程度＝圃場が収まる四角形面積(km²)/圃場面積(ha)

様であるが、低投入酪農はいずれも1ha前後であり慣行酪農よりも広い。

2．調査牧場の自給飼料と飼料自給率

(1) 1番牧草の収穫時期と成分

　土地利用の違いと同様に、自給飼料の収穫や品質についても、両者には大きな違いがある。ここでは主力の自給飼料である1番牧草の違いを中心にふれる。

　牧草の栄養価は収穫時期（牧草の生育ステージ）の影響を受けるが、慣行酪農は6月下旬〜7月上旬に1番牧草を収穫している。この時期は収量と栄養価の面からみると収穫適期であり、指導機関等が広く推奨している時期にもなる。

　他方、低投入酪農はいずれも指導機関が推奨する収穫適期にこだわらず、

第4章　慣行酪農と低投入酪農の経営比較

表4-4　自給飼料の成分

単位：%

粗飼料の種類	1番草（ラップ、刻み、乾草）						2番草（ラップ）			放牧草			コーンサイレージ		
調査牧場	A	C	D	E	F	G	A	E	G	E	F	G	A	C	D
分析時期	2013.3〜15.10	15.1〜15.11	14.8〜15.6	15.2〜15.7	11〜13.8	11.11〜13.2	13.5〜14.1	15.2	12.5	15.6〜15.7	12.7〜13.7	12.6〜12.11	13.2〜15.10	15.1〜15.9	15.4〜15.10
分析点数	13	13	3	6	8	8	3	2	13	4	8	5	5	11	3
水分	26.14	73.47	65.31	29.38	17.23	58.52	18.26	28.53	46.05	79.50	79.24	77.40	72.55	68.81	68.45
粗蛋白質	7.91	10.17	9.33	9.40	7.18	11.48	14.14	12.56	16.08	24.40	22.36	24.64	8.68	7.72	8.32
TDN	59.05	57.78	58.85	55.45	55.24	62.78	61.57	58.26	63.31	69.38	72.20	73.85	70.74	74.13	76.07
ADF	38.57	38.59	38.89	37.06	42.11	37.86	32.86	32.23	33.55	26.88	26.05	22.12	24.71	18.65	18.65
NDF	70.47	68.85	66.11	71.77	69.88	60.25	64.40	63.91	56.51	47.10	44.17	37.79	45.21	38.89	36.37
総繊維	68.58	69.10	68.65	70.56	71.33	60.99	62.08	62.83	56.99	46.88	43.74	36.90	44.86	38.08	35.37
NFC	17.88	13.45	15.83	13.77	18.55	22.01	17.64	18.09	21.19	24.19	27.45	31.83	38.81	46.18	48.46
粗脂肪	1.84	3.25	3.16	1.64	1.18	2.88	2.43	2.65	3.48	4.33	4.69	4.51	3.18	3.50	3.74
カルシウム	0.30	0.39	0.32	0.49	0.34	0.51	0.35	0.55	0.57	0.50	0.55	0.66	0.27	0.26	0.25
リン	0.18	0.24	0.28	0.28	0.23	0.22	0.32	0.38	0.30	0.35	0.40	0.38	0.21	0.20	0.25
マグネシウム	0.11	0.14	0.15	0.17	0.17	0.20	0.19	0.22	0.30	0.19	0.28	0.26	0.10	0.12	0.10
カリウム	1.25	1.50	2.00	1.60	0.91	0.86	1.98	1.76	1.08	2.65	1.95	2.08	0.93	0.82	0.83

注：1）BはTMRセンターのTMRを使用しているため、分析の対象から除外した。
　　2）1番草に関しては、A、E、Gはラップ牧草、C、Dは刻みサイレージ、Fは乾草である。
　　3）Gの2番草には3番草も含まれている。
　　4）分析は雪印種苗（株）の分析センターで行った。
　　5）pH、水分および酸組成関係以外は乾物中。

自らの経営に最適と考えられる時期や方法で収穫を行っている。Eは晴天が続き低水分のラップ牧草を収穫しやすい、推奨時期よりも半月程度遅い時期に収穫している。Fは、第2章で紹介されたように、入植した50年前の地域での一般的な収穫時期である8月上旬、結実期のステージで乾草を収穫している。この方法は現在の推奨技術からは著しく外れているが、F氏は50年間継続している。結実期で収穫した乾草の状態はワラを連想するかも知れないが、次に述べる**表4-4**や**写真1**に示したように、成分は他の調査牧場を若干下回る程度であり、緑色豊かで柔らかい。調査の結果、この理由は分げつ草の存在であることが明らかになった。GはE、Fとは異なり、草種に生育の早いオーチャードグラスが多いことや刈遅れを避けるために、年3〜4回の多回刈りを行い、1番草の収穫時期は6月初旬と早く、成分

写真1　1番乾草例、2012.8.22収穫

表4-5 乳牛の状況と乳牛1頭当たり面積の違いが飼料の自給率に及ぼす影響

項目	単位	慣行経営 A 平均的経営	慣行経営 B 外注型経営
①経産牛平均体重	kg	710	655
②経産牛1頭当たり乳量/年	kg	9,388	9,897
③1日1頭当たり乳量	kg	25.7	27.1
④維持に要する乾物(DM)量	kg/頭/日	12.07	11.14
⑤DM要求量(維持+産乳)	kg/頭/日	19.84	19.93
⑥成換1頭当たり面積	ha	0.84	0.49
⑦うち牧草面積割合	%	82	81
⑧うちデントコーン面積割合	%	18	19
⑨成換1頭当たり牧草面積	ha	0.69	0.40
⑩成換1頭当たりデントコーン面積	ha	0.15	0.09
⑪牧草反収	kg/10a	3,500	3,500
⑫デントコーン反収	kg/10a	6,000	6,000
⑬牧草DM率	%	20	20
⑭デントコーンDM率	%	30	30
⑮成換1頭当たり牧草DM収量	kg/年	4,822	2,778
⑯成換1頭当たりデントコーンDM収量	kg/年	2,722	1,676
⑰成換1頭当たりDM収量	kg/年	7,543	4,454
⑱1日当たりDM収量成換/1頭	kg	20.7	12.2
⑲収穫〜給餌ロス	%	30	30
⑳1日の成換1頭当たり採食DM量	kg	14.47	8.54
㉑1日当たり採食DM量/維持DM量	%	120	77
㉒1日当たり採食DM量/必要DM量	%	73	43

注:1) ③=②/365
2) ④と⑤は日本飼養標準(2006年版)
3) ⑪、⑫、⑬、⑭、⑲は仮定
4) ⑨=⑥×⑦
5) ⑩=⑥×⑧
6) ⑮=⑨×⑪×⑬
7) ⑯=⑩×⑫×⑭
8) ⑰=⑮+⑯
9) ⑱=⑰/365
10) ⑳=⑱×(100-⑲)/100
11) ㉑=⑳/④×100
12) ㉒=⑳/⑤×100

は高栄養、低繊維である。

　表4-4に自給飼料の成分の一部を示したが、低投入酪農の1番牧草の成分値が、慣行酪農に比べて粗蛋白質、TDNや総繊維などでばらつきが大きいのは、上記の理由による。

　低投入酪農での無更新による永年草地化や、F、Gでの化成肥料無施用の影響は分析値では明らかではないが、低投入酪農では牧草の嗜好性は、推奨される肥培管理による牧草よりも良好であることを自明のこととしている。また1番牧草の乾物収量については、別の調査では管内平均対比、E、F、Gはそれぞれ106、79、84%であり、無施肥でもあるF、Gの収量は施肥栽培の約8割となっている。

第4章　慣行酪農と低投入酪農の経営比較

		低投入経営		
C 高泌乳経営	D フリーストール経営	E マイペース典型例	F マイペース原型	G 無施肥・無配合経営
775	737	655	552	590
12,156	10,021	7,294	5,176	6,790
33.3	27.5	20.0	14.2	18.6
13.18	12.48	11.14	9.57	10.27
23.46	20.77	17.04	13.78	15.92
0.77	0.40	0.98	0.97	1.2
72	54	100	100	100
28	46	0	0	0
0.55	0.22	0.98	0.95	1.20
0.22	0.18	0.00	0.00	0.00
3,500	3,500	3,500	3,500	3,500
6,000	6,000	6,000	6,000	6,000
20	20	20	20	20
30	30	30	30	30
3,881	1,512	6,860	6,650	8,400
3,881	3,312	0	0	0
7,762	4,824	6,860	6,650	8,400
21.3	13.2	18.8	18.2	23.0
30	30	30	30	30
14.89	9.25	13.16	12.75	16.11
113	74	118	136	157
63	45	77	94	101

（2）自給飼料による飼料自給率

ここでは乳牛1頭当たり面積と、飼養している乳牛の状態（体重と乳量）の違いが、飼料自給率や経営に与える影響について述べる。**表4-5**はこれについての検討結果である。

この試算では、変数を体重、乳量、1頭当たり面積および作付割合とし、傾向を把握しやすくするために作物反収、作物乾物率および作物収穫～給与ロスは定数とした。

試算結果は㉑、㉒となるが、まず㉑の維持に要する乾物量のどの程度を自給飼料で充足できるかは、低投入酪農では維持に要する以上の乾物量が供給される。慣行酪農の中でも1頭当たり面積が広いA、Cは低投入酪農と同様であるが、面積の狭いB、Dでは維持に要する乾物量の70％台しか充足できず、不足乾物量は外部からの調達となる。

次に産乳も含めた㉒では、低投入酪農3戸中2戸が必要とされる乾物量の

127

ほぼ100％、1戸も約80％が自給されるのに対して、慣行酪農ではすべて約70％以下である。低投入酪農は外部からの調達はほとんど必要ないか、あってもわずかである。他方、慣行酪農では必要量の3～5割の乾物を、外部から調達せざるを得ないことを示している。その理由は、乳牛のサイズが大型であり、乳量水準が高いために乾物要求量が高くなる。また、乳牛は乾物のほかに蛋白質等の栄養素も必要なため、乳量水準の高い経営では仮に十分な量の自給飼料があっても、外部から一定量の高栄養な飼料を調達しなければならない。

以上のように、慣行酪農では飼養頭数、体重や乳量水準等から、必然的に外部からの飼料購入が発生するのに対して、低投入酪農は頭数、体重や乳量水準等の規模が小さいため、飼料の外部依存が少ないことが分かる。

3．調査牧場の乳牛の状況

（1）乳牛の体格と状態

表4-6に育成牛、**表4-7**に経産牛の調査結果を示した。ただし、低投入酪農は舎飼期のものであり、牛群の状態は放牧期とは大きく異なることに留意する必要がある。

育成牛では、牧場ごとで月齢構成が異なっているため、実測値そのものの比較は適切ではない。そのため月齢構成の違いの影響は排除できないが、体重、体高および栄養度指数を日齢で除した数値（値が大きい方が発育や栄養状態はよい）を見ると、牧場間の差が大きく、慣行酪農の発育が低投入酪農よりも早い傾向にある。測定値で発育曲線を作成した結果では、慣行酪農の育成牛の発育がB以外は、ホルスタイン登録協会標準発育値[1]（以下、ホル協標準）を上回っており、Bと低投入酪農ではホル協標準並みの発育である。なお後出**表4-12**に示したが、初産分娩月齢は慣行酪農23.4カ月、低投入酪農25.0カ月、2014（平成26）年度の北海道酪農検定検査協会（以下、北酪検）成績[2]の平均は25.0カ月である。

次に経産牛の状態のうち、体格関係についてふれる。

第4章 慣行酪農と低投入酪農の経営比較

表4-6 育成牛の体格と状態

調査項目	調査牧場	慣行経営				低投入経営			備考
		A	B	C	D	E	F	G	
	調査月日	2015 2.26	15 4.23	15 4.15	状態15.4.24 体格15.6.3	15 1.20	14 4.25	15 2.13	
	頭数 [1]	23	8	52/36	60/67	28	27	6/2	体格調査/状態調査
生後月齢（月）	平均	18.9	22.8	9.3	13.6	13.3	14.2	10.3	
	標準偏差	8.3	1.7	6.6	7.2	6.6	6.6	6.6	
	変動係数	44	7	71	53	50	46	64	
体重（kg）	平均	498	519	313	401	363	325	294	
	標準偏差	160	54	201	154	167	152	176	
	変動係数	32	10	64	38	46	47	60	
体高（cm）	平均	132.5	139.2	115.2	121.6	121.8	123.7		
	標準偏差	12.3	3.2	21.2	15.4	14.4	16.5		
	変動係数	9	2	18	13	12	13		
栄養度指数	平均	369	373	250	319	291	243		体重/体高
	標準偏差	96	36	131	97	108	104		満肉（肉牛）>500
	変動係数	26	10	52	30	37	43		過肥>250（和牛子牛）
BCS	平均	3.38	3.00	3.24	3.41	3.02	3.12	3.38	1-5
	標準偏差	0.25	0.23	0.39	0.24	0.35	0.31	0.18	削痩<2.5
	変動係数	7	8	12	7	12	10	5	過肥>4.0
	2.5以下、%	0	0	3	0	7	4	0	
	4.0以上、%	0	0	3	0	0	0	0	
毛づや	平均	2.5	2.5	2.3	2.6	2.7	2.5	2.5	1:不良
	標準偏差	0.6	0.5	0.7	0.5	0.4	0.7	0.7	2:普通
	変動係数	24	21	33	19	16	27	28	3:良好
胃の張り	平均	2.5	2.9	2.4	2.4	2.6	2.9	2.5	1:不良
	標準偏差	0.7	0.4	0.6	0.6	0.6	0.3	0.7	2:普通
	変動係数	26	12	23	24	22	12	28	3:良好
ロコモーションスコア [2]	平均	1.0	1.3	1.5	1.5	1.0	1.1	1.0	1（正常）-5（不良）
	標準偏差	0	0.7	0.8	0.8	0.0	0.4	0	4以上10%は問題あり
	変動係数	0	57	54	55	0	38	0	
	4以上、%	0	0	0	0	0	0	0	
日齢体重（kg/日）[3]	平均	0.92	0.75	1.07	1.20	0.96	0.54	0.95	
	標準偏差	0.15	0.08	0.32	0.92	0.20	0.35	0.07	
	変動係数	16	11	30	76	21	63	8	
日齢体高（cm/日）	平均	0.28	0.20	0.56	0.56	0.40	0.25		
	標準偏差	0.13	0.02	0.45	1.18	0.31	0.20		
	変動係数	45	8	81	211	77	81		
日齢栄養度指数（/日）	平均	0.71	0.54	0.95	1.11	0.79	0.43		
	標準偏差	0.17	0.05	0.39	1.49	0.32	0.31		
	変動係数	24	9	41	134	41	72		

注：1）Bは育成牛を預託に出しているため、Gは育成牛保有頭数を抑制しているため、調査頭数が少ない。
　　2）ロコモーションスコアとは、蹄(蹄病)の状態を評価したスコア（5段階評価）。
　　3）日齢体重=体重/生後日齢（日増体重、DGに近い）、日齢体高、日齢栄養度指数も同様。

　体重は慣行酪農の平均体重719kgに対して低投入酪農平均は599kgであり、120kgもの大きな差がある。最大と最少の差はさらに大きく、Cの775kgとFの552kgでは223kgに達する。小型牛よりも大型牛の方が乳生産効率が良いことから、乳生産には有利とされるが、後述のようにリスクもある。栄養度指数は慣行酪農の方が低投入酪農よりも栄養状態は良く、特にC、Dが高い。乳牛の肉付き（皮下脂肪の蓄積状況）の程度を示すボディコンディション・

表 4-7　経産牛の体格と状態

調査項目	調査牧場	慣行経営 A	B	C	D	低投入経営 E	F	G	備考
	調査月日	2015 2.26	15 4.23	15 4.15	状態 15.4.24 体格 15.6.3	15 1.20	14 4.25	11 2.15	
	頭数	41	60	62	85	44	31	21	
産次数（産）	平均	2.8	2.1	2.7	2.0	3.2	3.4	3.8	北酪検平均 2.7 産
	標準偏差	1.6	1.0	1.6	1.2	1.8	2.1	1.9	
	変動係数	57	50	57	61	56	63	50	
分娩後月数（月）	平均	8.5	8.0	6.9	11.1	7.3	7.1	6.2	北酪検平均 6.4 カ月
	標準偏差	5.1	4.8	4.6	5.5	4.5	4.1	3.6	
	変動係数	60	61	66	50	61	58	58	
体重（kg）	平均	710	655	775	737	655	552	590	北酪検平均（2.5 産）663kg
	標準偏差	88	107	106	115	77	64	62	ホル協標準 651kg
	変動係数	12	16	14	16	12	12	11	
体高（cm）	平均	145.7	143.1	148.2	142.5	141.5	141.6	140.7	
	標準偏差	5.4	5.1	4.4	4.4	4.3	3.7	4.1	
	変動係数	4	4	3	3	3	3	3	
栄養度指数	平均	487	457	523	517	462	389	419	体重/体高
	標準偏差	53	67	66	77	47	41	37	満肉（肉牛）>500
	変動係数	11	15	13	15	10	10	9	過肥>250（和牛子牛）
BCS	平均	3.01	3.18	3.19	3.55	2.76	2.57	2.67	1-5
	標準偏差	0.33	0.48	0.45	0.58	0.34	0.29	0.30	削痩<2.5
	変動係数	11	15	14	16	12	11	11	過肥>4.0
	2.5 以下、%	10	20	16	9	45	68	62	
	4.0 以上、%	0	7	2	16	0	0	0	
毛づや	平均	2.1	2.3	2.3	2.5	2.1	1.8	2.1	1:不良
	標準偏差	0.5	0.7	0.7	0.7	0.6	0.7	0.3	2:普通
	変動係数	22	31	32	28	31	41	14	3:良好
胃の張り	平均	1.9	2.3	2.4	2.6	2.7	2.9	2.7	1:不良
	標準偏差	0.6	0.6	0.8	0.7	0.6	0.3	0.5	2:普通
	変動係数	33	28	32	26	24	10	18	3:良好
ロコモーションスコア	平均	1.8	1.9	1.8	2.5	1.8	1.9	1.9	1（正常）-5（不良）
	標準偏差	1.1	1.1	1.1	1.1	1.0	1.1	1.2	4 以上 10%が問題あり
	変動係数	61	55	59	44	54	58	62	
	4 以上、%	7	7	6	17	7	10	10	

スコア（以下、BCS）は栄養度指数同様、慣行酪農の方が低投入酪農よりも高い。BCS2.5以下は削痩状態と評価されるが、低投入酪農では約半数が2.5以下である。この状態は推奨技術的には問題となるが、これは舎飼期だけに限られている。なお、Fの舎飼期のBCS2.57は放牧期では2.98に上昇している。毛づや・胃の張りについてのスコアは個人的に3段階で評価しているが、毛づやは慣行酪農の方が低投入酪農よりも明らかに良好である。この原因はBCSと同様に、調査時期が舎飼期であったためと考えられる。Fの舎飼期の毛づや1.8は放牧期では2.5である。胃の張りは低投入酪農が慣行酪農よりも明らかに良好であるが、これは低投入酪農は育成牛の段階から、牧草を主体とした飼料給与のためと考えられる。ロコモーション・スコアー（蹄の健康

状態を示す）はフリーストール経営Dを除くと、慣行酪農と低投入酪農に差が見られない。しかし、削蹄の実施状況は未確認であるが、通年舎飼い時には通常、削蹄師による全頭削蹄（約3,000円/頭）を年2回程度行うのに対して、放牧実施の場合、そのような削蹄を行っていないケースが多い。

このように、慣行酪農は北海道平均以上に大型で、良好な栄養状態の牛群を作り、乳生産を効率的に行っていると考えられるが、大型牛では先に述べた飼料の外部依存の増加の他に、蹄への負担や高泌乳傾向による障害発生などの問題が生じやすい。大型牛推奨時にはこのリスクが語られることがほとんどない。これに対して低投入酪農の牛群は小型であり、これは経営に合った扱いやすい牛群作りを意図的に行った結果と見ていいだろう。

（2）給与飼料の内容

表4-8と表4-9はそれぞれ慣行酪農と低投入酪農の給与飼料内容を示したものである。

まず、慣行酪農の内容について補足する。

Aは搾乳牛の配合飼料の給与量が乳量の1/3と、やや多めである（初産牛の目安に相当）。BはTMR中の配合飼料等の濃厚飼料の合計量は10.4kg/頭/日である。Cは子牛の代用乳や配合飼料の給与量がむしろ少なめである。哺育期から育成牛に経産牛用のTMRを給与しており、経営主はこれが大型牛化するための方法と捉えている。TMR中の濃厚飼料量は9.6kg/頭/日＋トップドレス（別途給与の配合飼料）である。調査牧場の中で飼料の種類が最も多い。Dは高泌乳牛群用TMR中の濃厚飼料量の合計量が14.4kg/頭/日、低泌乳牛群用は10.1kg/頭/日であり、慣行酪農の中で最も多い。これは高乳量生産のための積極策の表れと考えられるが、経産牛の肉付きは過肥傾向である。

次に、低投入酪農の内容について補足する。

Fの育成牛の放牧は早い月齢で開始せず、乾草を十分に給与して第一胃を発達させ、将来的に食込みの良い牛の基礎作りを行うとしている。Gは2005年から放牧期の経産牛は購入飼料無給与とし、2006年から通年で経産牛の購

表 4-8　慣行経営の飼料給与状況

乳牛の区分	調査牧場 飼料の種類	A 飼料名	A 給与量 kg/日	A 給与期間 月齢	B 飼料名	B 給与量 kg/日	B 給与期間 月齢
哺育牛	初乳 全乳 代用乳 人工乳 粗飼料	初乳 全乳 代用乳 25 人工乳 18 人工乳 20 ①RB	Max6-9ℓ 4-8ℓ 6-8ℓ 少々-1.5-2.5 飽食		初乳 全乳	Max5ℓ	〜4 日齢 以後センター預託
子牛	配合飼料 添加剤 粗飼料	子牛用 18 炭カル ①RB	3 0.05 飽食	3〜8			
若牛	配合飼料 添加剤 粗飼料	乳配 16 (乳配 18) 炭カル ①RB CS	2 (2) 0.05〜0.1(妊娠牛) 飽食 5	8〜分娩 (親牛舎時)	乳配 18 ①②乾草	2 飽食	15〜22,23
初産牛	配合飼料 単味飼料 添加剤 粗飼料	乳配 18 乳配 10 パルプ 加熱大豆粕 炭カル ビタミン剤 ①RB ②RB CS	乳量の1/3 1.5 1.5 0.3-0.5 0.2 飲水中に 8(採食)/10(給与) 4 18		乳配 20 パルプ 圧扁コーン 加熱大豆 ミネラル剤 ①GS ②GS CS ルーサン乾草 ①乾草	9.3 2.2 0.7 0.35 0.1 8 8.6 20 1 1.5	(TMRセンターのTMR) 飽食
3産以上	配合飼料 単味飼料 添加剤 粗飼料	同上			同上		
乾乳牛	配合飼料 単味飼料 添加剤 粗飼料	乳配 18 炭カル ビタミン剤 ①RB ②RB CS	1〜2 0.2 飲水中に 8/10 4 8		(上記 TMR) ①②乾草	4〜5 飽食	分娩 14 日前〜

注：1）飼料名の数字は粗蛋白質％（現物中）を意味する。
　　2）①、②は牧草の番草を意味する。
　　3）RB はラップサイレージを意味する。

第4章　慣行酪農と低投入酪農の経営比較

	C			D		
飼料名	給与量 kg/日	給与期間 月齢	飼料名	給与量 kg/日	給与期間 月齢	
初乳	4.1 ℓ	4～5日齢	初乳		～5日齢	
全乳			全乳			
代用乳 25	316→408g	～60日	代用乳 27	ロボット哺乳	～60日	
人工乳 20	186→368g	4～30日	和牛人工乳 20	飽食	7～75日	
人工乳 18	Max366g	20-25～60日				
成牛用TMR	39→778g	30～60日				
カットチモシー	18g	4日～4,5	①乾草	飽食	90日～	
人工乳 18	1→0	60～90日	育成用 17	1.5	～6	
乳配 19	0→1-1.5	4,5迄	①乾草	飽食		
成牛用TMR	1→2	4,5迄	育成用 17	1.5	6～12	
			GS+CS	Max10		
カットチモシー	18g	4日～4,5	①乾草	4-5		
乳配 19	1.5		育成用 17	1.5	13～分娩	
成牛用TMR	2-3	6～8	GS+CS	Max20		
①RB	飽食		①乾草	飽食		
乳配 19	0					
成牛用TMR	15	～14,15(14,15AI)				
①RB	飽食					
乳配 19	0					
成牛用TMR	15	初産まで				
①RB	飽食					
乳配 19	1-5	トップドレス	乳配 19A	9.6	(高泌乳群用 TMR) 飽食	
乳配 30	0.1-0.5		乳配 19B	3.2		
乳配 19	3.7		乳配 9	1.4		
乳配 18	2.9		パルプ	1.4		
乳配 30	0.9		酵母	0.02		
大麦	1.2		脂肪酸Ca	0.2		
大豆粕	0.9		①/②GS	12.9		
木炭	0.039		CS	18.6		
ビタミン剤 A	0.024					
ミネラル剤 A	0.143		乳配 19A	7.5	(低泌乳群用 TMR) 飽食	
第2リンカル	0.034		乳配 19B	2.5		
ビタミン剤 B	0.039	(TMR) 飽食	乳配 9	0		
酵母 A	0.049		パルプ	1.3		
ビタミン剤 C	0.027		酵母	0.02		
酵母 B	0.047		脂肪酸Ca	0.1		
ミネラル剤 B	0.037		①/②GS	20		
			CS	10		
①GS	22.1					
CS	22.1					
	同上			同上		
別途①RB	少々	必要時	育成用 17	1.5	乾乳前期 クロースアップ	
成牛用TMR	15		乾乳用 17	2～3		
固形糖蜜	0.175					
食塩	自由採食					
①RB	飽食		GS+CS 比率1：1	20	(乾乳期間 40日)	
			①乾草	飽食		

4) GSはグラスサイレージを意味する。
5) CSはコーンサイレージを意味する。
6) パルプはビートパルプを意味する。

表 4-9 低投入経営の飼料給与状況

乳牛の区分	飼料の種類	調査牧場 E 飼料名	E 給与量(kg/日)	E 給与期間(月齢)	F 飼料名	F 給与量(kg/日)	F 給与期間(月齢)	G 飼料名	G 給与量(kg/日)	G 給与期間(月齢)
哺育牛	初乳	全乳	?	～60日齢	初乳	4→6ℓ	～10-14	初乳	4ℓ	～5日齢
	全用乳	全乳+お湯	4→5ℓ 6→10ℓ	60～75日	全乳			全乳又は 全乳+代用乳.25	4ℓ	～45日齢
	代用乳	人工乳	0.3程度	30日	人工乳①	0-1.8-2	～45日齢	人工乳.20	Max1.4	～45日
	人工乳	①RB	飽食		乾草18	飽食	～90日	①RB	飽食	～90日
子牛	配合飼料	育成用17	最大2.5	30日～	子牛用18 子牛用18 ビートパルプ	2→1 0→1 2	(～10-14) (～10-14) 舎飼期	乳配16	1	～12
	粗飼料	①RB 育成用17	1.5	約8～	①乾草 育成用17 乳配18 ビートパルプ	飽食 1→0 0→1 1	放牧期(約5～) (～分娩前2) (分娩前2～) 舎飼期		なし	
若牛	配合飼料	①購入乾草 放牧草	飽食 飽食	舎飼期 放牧期(10-12～)	育成用17 ビートパルプ	0 2	放牧期		飽食	
	配合飼料	乳配18	2.5	5～9月給与	①乾草 放牧草	飽食 飽食	舎飼期 放牧期	配合飼料	飽食	舎飼期
	単味飼料	ビートパルプ	2.5	通年給与	乳配18 ビートパルプ	4→2 4→0	舎飼期 放牧期		なし	放牧期(12～)
初産牛	粗飼料	①+②RB	飽食	舎飼放牧	①乾草 放牧草	0 4→2	舎飼期 放牧期	①+②+③RBのみ 放牧草のみ	飽食	舎飼期 放牧期
3産以上		同上	同上			飽食	舎飼期	①+②+③RBのみ	飽食	舎飼期
乾乳牛	配合飼料	乳配18	0.5	舎飼期	乳配18	2		①RB	少量	放牧期搾乳時
	単味飼料	ビートパルプ	0	通年	乳配18 パルプ	0				
	粗飼料	①+②RB	飽食	舎飼放牧 夏期放牧	①乾草 放牧草	2 飽食	舎飼期 放牧期		同 上	

注: 1) 飼料名の数字は粗蛋白質%(現物中)を意味する。
  2) ①、②は牧草の番草を意味する。
  3) RBはラップサイレージを意味する。

入飼料無給与を実現、以降、育成牛も購入飼料無給与としている。

以上のように、自給飼料の面では、慣行酪農は通年サイレージ給与体系であるのに対して、低投入酪農では乾草や牧草のラップサイレージ給与と放牧体系を展開している。

育成牛の給与飼料では、慣行酪農は標準的な内容であり、推奨技術に沿う発育を支えている。低投入酪農は慣行酪農よりも供給栄養は少ない傾向であるが、育成牛を重要視していることや放牧により、結果としては先述のようにホル協標準並みの発育である。

経産牛の給与飼料にも、両者に大きな違いがみられる。慣行酪農での配合飼料等の濃厚飼料合計量は、最大時で10kg頭/日以上であり、1日に摂取する乾物量の半分近くを占める。これは乳量水準が高い牛群の栄養要求量を満たすための、一般的な推奨技術である。

他方、低投入酪農の濃厚飼料給与量は、慣行酪農と対照的に極めて少ない。ビートパルプを含めても5kg/頭/日以下であり、推奨技術から大きく逸脱している。

（3）給与飼料全体の評価

飼料を乳牛に給与した際の、栄養充足率や栄養濃度等を計算した結果を表4-10に示す。

表に示した飼料内容関係について、両者の特徴は以下のようである。乾物給与量の単純平均は慣行酪農25.9kg、低投入酪農19.6kg/頭/日である。慣行酪農は低投入酪農よりも乾物を6kg多く与えて、牛乳を12kg多く生産していることから経済的に有利と思われるが、先述のように大型牛や高泌乳牛にはリスクが伴う。

慣行酪農の蛋白質とカロリーはほぼ充足されているが、低投入酪農では放牧期は充足されるものの、舎飼期のE、Fで蛋白質が不足する可能性がある。また、放牧草など高蛋白質飼料の多給は、肝機能や腎機能へ悪影響を与えるため避けるべきとされているが、この点については次項のMUN（乳中尿素

表4-10 搾乳牛の栄養充足状況等

項目		単位	慣行経営					低投入経営				
			A	B	C	D		E		F		G	
						高泌乳群	低泌乳群	舎飼期	放牧期	舎飼期	放牧期	舎飼期	放牧期
	産次		2	2	2	2	2	3以上	3以上	3以上	3以上	3以上	3以上
乳牛の条件	体重	kg	710	655	775	737	737	655	655	552	552	590	590
	泌乳日数	日	258	243	210	337	337	222	222	216	216	188	188
	乳量	kg/日	30.8	32.4	39.9	37.7	23.5	20.8	26.9	14.2	21.1	21.7	23.0
	乳脂肪率	%	3.99	4.05	3.67	38.5	38.5	4.01	3.90	3.85	3.86	4.25	3.90
	乳蛋白質率	%	3.33	3.38	3.25	3.35	3.35	3.19	3.27	3.07	3.24	3.10	3.02
予測乳量	代謝蛋白質予測乳量	kg/日, 頭	23.7	34.8	40.9	38.4	28.5	16.5	37.0	6.1	27.8	25.0	31.0
	正味エネルギー予測乳量	kg/日, 頭	32.7	36.9	46.5	43.7	33.2	20.5	37.8	15.0	30.2	26.0	35.2
乾物(DM)	乾物給与量	kg/日, 頭	25.1	25.1	28.8	27.8	22.7	20.6	22.1	16.3	18.3	20.3	19.7
	乾物充足率	%	100	100	100	100	100	100	100	100	100	100	100
充足率	代謝蛋白質充足率		87	104	101	101	110	89	123	73	119	108	120
	正味エネルギー充足率		104	110	111	110	123	98	126	104	127	111	133
	カルシウム充足率	%	209	140	203	166	167	91	80	66	78	74	82
	リン充足率	%	106	142	118	126	134	103	105	95	114	86	112
	マグネシウム充足率	%	114	200	107	321	332	131	122	125	173	171	154
	テタニー比	-	0.53	0.79	0.50	0.45	0.54	0.86	1.35	0.71	0.92	0.52	0.95
濃度	CP/DM		12.8	15.7	15.4	15.3	15.0	11.2	22.4	8.7	21.1	14.5	23.8
	TDN/DM		69.6	71.5	73.8	76.0	71.8	61.2	71.6	58.5	72.4	63.1	73.1
	ADF/DM	%	24.7	22.6	18.6	18.3	22.6	31.5	24.6	38.3	25.8	35.0	23.1
	NDF/DM		47.1	40.2	36.8	36.1	43.3	62.4	44.7	64.2	44.9	57.8	39.2
	粗濃比		61	54	55	46	55	79	80	89	91	100	100
IOFC	飼料費	円/日, 頭	696	919	1,107	1,127	758	288	288	130	0	0	0
	乳代		2,772	2,916	3,591	3,393	2,115	1,872	2,421	1,278	1,899	1,953	2,070
	乳代－飼料費		2,076	1,997	2,484	2,266	1,357	1,584	2,133	1,148	1,799	1,953	2,070
	乳代－飼料費(通年)		2,076	1,997	2,484	1,963		1,859		1,528		2,012	

注：1）飼料の給餌方法はB～DはTMR型であり、他は分離給与型である。
2）ラップ牧草およびグラスサイレージの番号は番草である。
3）網掛け部分はTMRである。
4）IOFC：Income Over Feed Costs（乳代差引飼料費）
5）乳牛は満腹状態にあると想定し、乾物充足率が100%となるように、牧草やTMRなどの飽食させる飼料量を調整した。
6）飼料計算ソフトはCPM-Dairy V3.0.8を使用した。

態窒素）の箇所でふれる。

乳脂肪率と関係する繊維濃度であるADF/DMの最低限の目安は18％、あるいは21％とされるが、慣行酪農は下限に近い。粗濃比は飼料乾物中の粗飼料と濃厚飼料の比率であるが、慣行酪農では約半分が濃厚飼料であることが分る。乳量水準が高い慣行酪農でのこのような栄養濃度は、一般的である。

このように、慣行酪農では推奨技術に沿った飼料給与が行われているのに対して、低投入酪農での飼料給与内容は、推奨技術からみた場合、粗飼料主体のため栄養濃度が低い。

以上、体格や飼料について述べてきたが、ここで次の問題提起をしなければならない。推奨技術や慣行的な酪農技術の観点から、どちらが望ましい牛群であり、飼料給与内容であるかをみた場合、当然、慣行酪農の内容が高い評価となる。しかし、それにもかかわらず低投入酪農は数十年にわたって、順調に酪農経営が展開している。したがって、そのような評価や判断が真に妥当かという疑問が生じる。

（4）乳生産（年間の乳量と乳成分推移）

表4-11に、年間の平均乳量/頭/日と平均乳成分を示した。

乳脂肪率は大きな差はみられないが、放牧期がある低投入酪農の変動がやや大きい。カロリーの充足状況を示す乳蛋白質率や無脂固形分は慣行酪農が高い。乳房炎の指標である体細胞数（個体では30万/mℓ以上で乳房炎）は慣行酪農がやや高く、飼料からの蛋白質の過不足の指標とされるMUN（乳中尿素態窒素、10～14が適正とされる）は、低投入酪農は放牧期が高いため年間平均も高くなっている。

乳生産の季節変動が表では明らかになっていないため、慣行酪農の代表例としてCを、低投入酪農の代表例としてEを取り上げ、2014（平成26）年の乳量（**図4-1**）と乳成分（**図4-2**）の季節変動をみる。

図4-1では、年間を通して飼料内容や飼養環境が大きく変わらない慣行酪農が、低投入酪農に比べて年間の出荷乳量の変動が少ないことがわかる。他

表 4-11　調査牧場の搾乳牛1頭当たりの年間平均日乳量と乳成分

調査牧場		項目単位	日乳量 kg	乳脂肪率 %	無脂固形分 %	乳蛋白質率 %	乳糖 %	全固形分 %	体細胞数 万/ml	細菌数 万/ml	MUN mg/dl	氷点 -
慣行経営	A	平均値	28.2	3.99	8.80	3.33	4.47		24.2	0.1	9.7	
		標準偏差	3.2	0.13	0.07	0.07	0.03		4.5	0.0	1.1	
		変動係数	11	3	1	2	1		18	0	12	
	B	平均値	29.5	4.05	8.93	3.38	4.55	12.98	13.5	0.3	10.7	0.548
		標準偏差	1.8	0.12	0.10	0.10	0.03	0.20	3.6	0.3	1.0	0.002
		変動係数	6	3	1	3	1	2	27	100	10	0
	C	平均値	36.8	3.67	8.70	3.25			19.8	0.1	16.8	
		標準偏差	2.3	0.13	0.07	0.06			5.7	0.2	1.5	
		変動係数	6	4	1.00	2			29	136	9	
	D	平均値	30.6	3.85	8.92	3.35	4.57	12.77	24.1	0.2	12.1	0.548
		標準偏差	2.4	0.16	0.08	0.07	0.02	0.23	4.9	0.1	1.2	0.002
		変動係数	8	4	1	2	1	2	21	46	10	0
低投入経営	E	平均値	24.2	3.95	8.59	3.23	4.35	12.54	10.6	0.1	14.8	0.541
		標準偏差	4.0	0.17	0.14	0.13	0.05	0.26	3.8	0.1	3.9	0.003
		変動係数	17	4	2	4	1	2	35	48	27	0
	F	平均値	17.9	3.85	8.49	3.17	4.33	12.35	18.1	0.2	15.5	0.544
		標準偏差	4.1	0.20	0.15	0.12	0.04	0.25	5.8	0.2	6.1	0.004
		変動係数	23	5	2	4	1	2	32	104	40	1
	G	平均値	20.6	4.07	8.56						16.8	
		標準偏差	1.4	0.26	0.12						1.5	
		変動係数	7	6	1						9	

方、低投入酪農では舎飼期と放牧期の乳量差が非常に大きい。**表4-10**においてGではその差が小さいが、これは舎飼期で給与した2、3番牧草の品質が良好だったためとG氏は推測していた。例年はE、Fと同様に乳量差が大きいので、栄養学的に興味深い現象である。

図4-2を見ると、慣行酪農は乳量と同様に、夏期に乳脂肪率と乳蛋白質率が低下しており、暑熱ストレスによる採食量の低下のためと考えられる。MUNについてはCはやや高めの17前後であるが、他の慣行酪農では10前後に良くコントロールされている。

低投入酪農は夏期の放牧期に乳脂肪率が低下傾向になるが、慣行酪農と異なり乳蛋白質率や無脂固形分はこの時期に上昇している。この乳脂肪率の低下と乳蛋白質率等の上昇は放牧草の飽食のためであり、舎飼期の乳蛋白質率の低下は舎飼期での栄養摂取、特にカロリー摂取量が放牧期より低下するためと考えられる。MUNは高蛋白、高カロリーの放牧草を飽食する放牧期に、適正とされる推奨範囲を大きく超え20mg/dℓ以上を示している。

第4章　慣行酪農と低投入酪農の経営比較

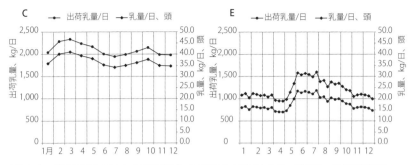

図 4-1　出荷乳量 / 日および搾乳牛 1 頭当たり乳量 / 日（概算）の年間推移

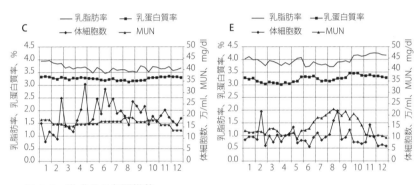

図 4-2　乳成分の年間推移

　過剰な蛋白質供給の問題点は乳房炎や繁殖障害など、古くから指摘されている。しかし低投入酪農では放牧期での高MUNにもかかわらず、**表4-12**で示すように繁殖成績や疾病発生などは問題とならず、経営が維持されている。また慣行酪農の中でもCは以前から推奨範囲を超えているが、牛群に大きな問題はない。またMUNと繁殖成績は関係がないことを示す、ニュージーランドの報告[3]もあることなどから、適正なMUNの範囲やその指標の利用については、詳細な検討が必要と思われる。

　以上のように、極力乳牛の恒常性を保つという推奨技術の結果、慣行酪農は乳量や乳成分の変動が少ないが、低投入酪農は年間の恒常性にこだわらず、舎飼期と放牧期があるため変動が激しい。

（5）平均産次、分娩間隔と疾病発生回数

　乳牛に関わる最後の項目として、生産コストや経営と密接に関係する平均産次数、分娩間隔と経産牛の平均疾病発生回数/頭/年を、**表4-12**に示した。

　平均産次は乳牛の生産耐用年数あるいは経営内での寿命を示すが、明らかに低投入酪農の方が高い。Bの産次数が低い理由は、初産牛はすべて飼養することによる。

　分娩間隔は慣行酪農よりも低投入酪農が短い。また慣行酪農、低投入酪農いずれも、個体乳量が多くなるにともなって長くなる傾向にある。

　初産分娩月齢は慣行酪農の育成牛発育がよいため、低投入酪農よりも1.6ヵ月早い。しかしいずれの経営も適正月齢とされる24ヵ月齢前後である。平均疾病発生回数は、年間の獣医師の治療延べ回数を経産牛頭数で除したものであり、調査方法は同一ではないものの、慣行酪農の方が低投入酪農よりも多い。低投入酪農の中でEの発生回数が多いが、この理由についてE氏は、まだ在籍している泌乳能力が高い系統の乳牛の存在を挙げている。なお0.96回/頭/日が、2014（平成26）年の北海道の病傷事故件数である[4]。

　以上のように、一般的な推奨技術に沿っている慣行酪農と低投入酪農の比較で、なぜこのような結果になったのかという疑問に関して、以下に技術的な3点を例に考察した。

　一点目は乳牛の体重、サイズについてである。前述のように、乳生産のためには大型牛が有利な反面、リスクもある。大型牛群の慣行酪農と小型牛群

写真2　舎飼期の乳牛例

写真3　放牧期の乳牛例

表4-12 調査牧場の平均産次、分娩間隔、初産分娩月齢および疾病発生回数

調査牧場		平均産次	分娩間隔			初産分娩月齢	疾病発生回数
			実数	標準偏差	変動係数		
		(次)	(日)	(日)	(%)	(月)	(回/頭/年)
慣行経営	A	2.6	397	61	15	23.5	0.81
	B	2.0	443	60	14	22.1	0.67
	C	2.8	454	114	25	24.5	0.72
	D	2.1	455	172	35	23.3	1.11
	平均	2.4	437	102	22	23.4	0.83
低投入経営	E	3.6	429	82	19	25.5	0.86
	F	3.3	381	54	14	24.8	0.21
	G	3.8	394	-	-	24.7	0.09
	平均	3.6	401	68	17	25.0	0.39
北酪検平均		2.7	432-437			25.0	(0.96)

の低投入酪農の、乳牛の繁殖や健康状態は**表4-12**の通りである。推奨技術に沿った乳牛の大型化は、経営全体にとって本当に良いことなのかという疑問が生じる。

二点目はBCS、乳牛の栄養状態の評価についてである。低投入酪農の舎飼期の牛群の半数は2.5以下であり、推奨技術的には異常事態であるが、短期的にはそうだとしても、放牧期での回復を経ると長期的には**表4-7**のように問題はない。これは短期的な評価と長期的な評価という評価スパンや、かつて育成牛で話題になった「代償性発育」や乳牛の復元力などについての問題提起をしている可能性がある。

三点目は飼養標準、飼料計算についてである。飼養標準は逐次改定され乳牛の生理の実相に接近してきているが、生き物である乳牛を完全に捉えることはできない。また飼養標準の基礎データの多くが慣行的な酪農環境下で得られたとすれば、それと異なる環境下の乳牛への適合度合いは低下すると考えられる。すなわち、飼養標準や飼料計算では説明できない現象が、現実的には有り得る。

以上の推奨技術はいずれも重要であるが、推奨技術には乳牛産全体のバランスを考慮していない「部分最適」の可能性がある。よって経営に際しては、推奨技術を疑ってかかる姿勢も必要であるということを、上記の疑問への説明としたい。

4．調査牧場の労働時間

日々の牛舎作業の内容と所要時間の聞取り調査から、時間に関する結果を**表4-13**に示した。

低投入酪農の経営主の1日の作業時間は4.1～6.1時間であるが、慣行酪農は低投入酪農よりも作業開始時刻は早く終了時刻は遅いため、10.8～13.5時間と長い。

その結果、経営主の年間の牛舎内労働時間は、慣行酪農の4,000～5,000時間に対して、低投入酪農では約2,000時間であり、2倍近い開きがある。ちなみに勤労者の労働時間は約1,700時間と推定される[5]。なお表のEの労働時間について、E氏から実際には4,800時間位が妥当との指摘があるため、この調査牧場の労働時間は約2割多い可能性があるが、上記の傾向は変わらないと考える。

表4-13 調査牧場での毎日の牛舎作業時間

	調査牧場	A			B			C			D		
	従事者	経営主	妻	子息	経営主	妻	父	経営主	妻	子息	経営主	妻	子息
慣行経営	作業開始時刻	4:30	7:00	5:00	3:30	4:15	4:30	5:00	5:00	5:00	5:00	5:00	5:00
	作業終了時刻	20:00	17:30	20:00	18:30	18:00	18:30	19:45	19:30	19:45	20:00	19:30	20:00
	作業時間、hr/日	13.5	4.0	10.5	12.3	7.0	5.8	10.8	7.5	10.8	11.0	7.5	11.0
	作業時間、hr/年	4,928	1,460	3,833	4,471	2,555	2,099	3,924	2,738	3,924	4,015	2,738	4,015
	牧場合計、hr/年	10,221			9,125			10,586			10,768		

	調査牧場	E						F		G			
		舎飼期			放牧期			舎飼期	放牧期	舎飼期		放牧期	
	従事者	経営主	妻	子息	経営主	妻	子息	経営主*	経営主*	経営主	妻	経営主	妻
低投入経営	作業開始時刻	6:00	6:30	5:30	5:30	6:00	5:15	5:30	5:00	5:10	4:40	5:10	4:40
	作業終了時刻	18:00	17:30	18:00	18:30	17:30	18:30	19:00	19:00	18:30	18:30	18:30	18:30
	作業時間、hr/日	4.4	1.7	5.3	4.1	1.5	4.6	9.5	4.5	6.1	6.6	4.8	4.8
	作業時間、hr/年	854	326	1,032	702	255	787	1,473	945	1,198	1,296	811	811
	牧場合計、hr/年	3,956						2,418		4,116			

注：1）Fは2013年に実施した乳牛の種類別作業時間調査を用いたため、経営主*とした。また、正味従事者数は1.5人とした。
　　2）作業開始時刻～作業終了時刻の間に、休息や自由時間が含まれる。
　　3）1日の作業時間は、聞き取った搾乳、給飼、除糞、清掃等、正味の作業時間の合計である。
　　4）年間の作業時間は個々人の1日の作業時間に365を乗じて算出し、その合計を牧場合計とした。

第4章　慣行酪農と低投入酪農の経営比較

表4-14　主要農作業の年間所要日数と投下労働時間（推計）

区分	類型 調査 牧場 単位	慣行経営								低投入経営					
		A		B		C		D		E		F		G	
		日数	時間	日数	時間	日数	時間	日数	時間	日数	時間	日数	時間	日数	時間
施肥		16	96	19	114	33	198	125	750	19	114	9	54	15	90
粗飼料収穫		77	924	6	72	22	264	31	372	14	168	8	96	14	168
計		93	1,020	25	186	55	462	156	1,122	33	282	17	150	29	258

注：1）A、D以外の所要日数は作業日数であるが、A、Dは待機日数も含めた拘束日数のため多くなっている。
　　2）投下労働時間は下記のように仮定し、所要日数に乗じた。
　　　施肥：1日当たり稼働時間6時間（舎内労働を除去した時間）、従事人数1人
　　　粗飼料収穫：1日当たり稼働時間6時間（舎内労働を除去した時間）、従事人数2人
　　3）施肥には化成肥料、堆肥、尿散布を含む。

屋外の主要な作業に要する労働時間の聞取り調査から、推定した結果を表4-14に示した。比較が成り立つ慣行酪農Cと低投入酪農では、低投入酪農はCの半分の投下時間である。

5．施肥および糞尿処理の状況

耕地管理作業のうち、施肥量と糞尿処理について聞取りした結果を、表4-15に要約した。

慣行酪農の堆肥は未熟なため、雑草種子発芽の対策として草地には散布せず、サイレージ用トウモロコシ畑にほとんどを散布している。低投入酪農では放牧期間があるため、少ない貯蔵量の堆肥を完熟化して草地に散布しており、堆肥を貴重な生産物と位置付けている。なお、低投入酪農での化成肥料25kg施用はEである。

表4-15　年間の施肥と堆肥処理の状況

区　分	耕地の種類	慣行経営	低投入経営
堆肥散布量、t/10a/年	飼料用トウモロコシ畑	5～10	-
	草　地	無散布か0.8	約1以下
化成肥料散布量、kg/10a/年	飼料用トウモロコシ畑	20～80	-
	草　地	25～80	無散布か約25
堆肥切り返し回数、回/年	-	0～4.5	7～10

第3節　経営収支状況

表4-16に調査牧場と道東のA農協の平均クミカン収支実績を示した。

慣行酪農は低投入酪農よりも出荷乳量が多いことから農業収入は多いが、農業支出も農業収入に比例して多くなっている。農業収入は最大の慣行酪農Dの1.4億円に対し、最小は低投入酪農Gの1,800万円であり、その開きは7.7倍である。農業支出の開きは、最大Dの1.1億円と最小Gの660万円で、16.7倍である。

この結果、クミカン農業所得の開きは調査牧場7戸間で狭まり、最大Dの2,800万円と最小Aの約1,000万円とは、2.1倍の開きに縮小している。これは出荷乳量の増加に伴い収入も増大するが、それ以上に支出が増えるために、出荷乳量の増加に比例して農業所得が増えないことによる。慣行酪農A、Cは、低投入酪農E、Gを下回っている。低投入酪農が収益性で慣行酪農に善戦しているのは、所得率に見られるように経費が掛からないこと、中でも乳飼比が示すように購入飼料への依存度が少ないことを指摘できる。

さらに他の経費面では、低投入酪農の乳牛が健康で生産寿命が長い傾向にあることから、頭数などの規模の違いはあるものの、農業用共済費や養畜費に差が表れ、化成肥料の抑制は肥料費の差に表れている。

表4-17に最終的な経営成果を示した。

頭数規模や出荷乳量が小さい、マイペース酪農典型例Eのクミカン農業所得は、慣行酪農のA、B、Cを上回っている。とりわけ北海道の畑作地帯酪農の平均的な経営方式と目されるAが、低投入酪農のFやGよりも下回っていることに注目したい。

また、時間当たりのクミカン農業所得に着目すれば、低投入酪農が上位を占め、勤労者以上の金額と推測されるのに対して、Dを除く慣行酪農では勤労者以下と推測される。1人当たりのクミカン農業所得では、慣行酪農DとBが低投入酪農を上回るが、AとCは低投入酪農を下回る。なお、Dの農業所

第 4 章　慣行酪農と低投入酪農の経営比較

表 4-16　2014 年度クミカン収支状況

番号	調査牧場 項目	単位	慣行経営 A	B	C	D	低投入経営 E	F	G	A 農協（道東）
①	農産収入計	千円	765	0	1,070	0	0	0	0	236
②	牛乳	千円	35,867	56,340	73,590	106,065	29,118	15,229	13,864	53,577
③	乳用牛	千円	2,346	5,560	9,519	6,329	3,138	1,525	2,549	3,525
④	肉用牛	千円	2,657	0	0	13,843	1,615	1,683		2,594
⑤	畜産収入計	千円	40,807	61,900	83,109	126,238	33,871	18,437	16,413	59,696
⑥	農業雑収入	千円	1,409	3,105	3,561	11,044	2,553	1,210	1,357	6,064
⑦	内家畜共済	千円	157	130	241	8,296	196	0	308	1,967
⑧	内その他	千円	1,252	2,976	3,320	2,748	2,357	1,210	1,050	4,097
⑨	農業収入計	千円	43,045	65,005	87,739	137,282	36,424	19,647	17,770	65,996
⑩	農外収入	千円	14	1,880	28	677	285	25	29	594
⑪	収入計	千円	43,058	66,885	87,768	137,959	36,709	19,672	17,799	66,590
⑫	雇用労賃	千円	300	2,996	248	131	0	0	0	1,265
⑬	肥料費	千円	1,590	300	6,450	5,348	1,263	0	0	2,619
⑭	種苗農薬費	千円	451	8	1,714	654	0	0	528	0
⑮	生産諸材料費	千円	1,703	85	2,236	1,030	2,176	552	623	2,413
⑯	水道光熱費	千円	2,633	1,486	4,463	7,044	2,671	1,130	979	4,121
⑰	飼料費	千円	12,660	24,531	31,449	51,544	5,268	3,871	275	21,480
⑱	養畜費	千円	2,775	8,738	7,861	7,360	1,146	748	514	3,110
⑲	素畜費	千円	0	0	0	0	0	0	0	53
⑳	農業用共済	千円	1,422	1,331	2,020	5,757	626	34	311	2,098
㉑	賃料料金	千円	4,240	3,838	8,997	11,987	1,655	711	1,190	5,602
㉒	修繕費	千円	971	2,582	3,476	7,160	2,682	490	1,287	3,107
㉓	租税諸負担	千円	1,410	3,707	1,383	3,772	1,083	1,087	579	2,099
㉔	支払利息	千円	871	0	13	1,123	300	42	33	622
㉕	その他経営費	千円	2,303	337	3,795	6,737	409	285	231	1,031
㉖	農業支出計	千円	33,329	49,939	74,105	109,649	19,280	8,950	6,551	49,620
㉗	家計費	千円	6,589	14,418	13,067	12,316	8,869	7,744	5,825	9,153
㉘	農業所得	千円	9,715	15,066	13,634	27,633	17,144	10,697	11,219	16,376
㉙	農家所得	千円	9,729	16,947	13,662	28,310	17,429	10,722	11,248	16,970
㉚	農業所得率	%	22.6	23.2	15.5	20.1	47.1	54.4	63.1	24.8
㉛	生乳所得	千円	2,538	6,401	△516	△3,584	9,838	6,279	7,312	3,957
㉜	乳代所得率	%	7.1	11.4	-	-	33.8	41.2	52.7	7.4
㉝	乳価	円	90.8	92.5	96.1	91.2	90.7	86.5	88.9	89.6
㉞	生乳 kg 経費	円	84.4	82.0	96.7	94.3	60.1	50.9	42.0	83.0
㉟	生乳 kg 利益	円	6.4	10.5	△0.7	△3.1	30.6	35.7	46.9	6.6
㊱	乳飼比	%	35.3	43.5	42.7	48.6	18.1	25.4	2.0	40.1

注：1 ）㉘＝⑨-㉖
　　2 ）㉙＝㉘+⑩
　　3 ）㉚＝㉘/⑨×100
　　4 ）㉛＝②-㉖
　　5 ）㉜＝㉛/②×100
　　6 ）㉞＝㉖/年間出荷乳量
　　7 ）㉟＝㉛/年出荷乳量
　　8 ）㊱＝⑰/②×100

表4-17　経営成果と経営効率

項　目	慣行経営				低投入経営		
	A	B	C	D	E	F	G
農業所得（万円）	972	1,507	1,363	2,763	1,714	1,070	1,122
経産牛頭数（頭）	42.1	61.5	63.0	116.1	44.0	34.0	22.9
家族労働力（人）	2.1	2.0	2.7	2.7	2.5	1.5	2.1
育成牛頭数（頭）	23.0	50.0	50.0	75.0	29.0	27.0	9.0
成牛換算頭数（頭）	53.6	86.5	88.0	153.6	58.5	47.5	27.4
総労働時間（hr）	10,221	9,125	10,585	10,768	3,939	2,418	4,116
総労働時間/家族労働力	4,913	4,473	3,920	4,018	1,551	1,612	1,960
農業所得/時間（円）	951	1,651	1,288	2,566	4,352	4,424	2,726

注：家族労働力は経営主の総労働時間を1として、妻や家族の労働力を評価し、その合計とした。したがって、Gのように妻の労働時間が経営主の投下労働時間を上回った場合は、実際には2人でも2.1人と評価している。

得は調査牧場中で最も多いが、積極的な設備投資による資金返済も多額に上るため、表には示していないが、農業所得から資金返済を除いたDの余剰額は、BやEと同等である。

　低投入酪農の経営者は**表4-2**に示したように、いずれも60歳代であり高齢化しているが、低投入酪農だからこそ、少ない投下労働で余裕をもってこのような利益水準を確保し、営農が持続できていると言える。

第4節　小括

　米国酪農技術をベースとする慣行酪農経営と、それとは全く異なる低投入持続型の酪農経営を比較してきた。ここから明らかになったことを要約すると、次の通りである。

　第一点として、技術的な側面としては、慣行酪農経営は乳牛飼養頭数、乳量水準や乳牛サイズ等の規模は大きいが、耕地面積や作業従事者数は低投入酪農経営と大差はない。また、慣行酪農経営は1番牧草収穫時期、飼料給与内容等は推奨技術に則っている。これに対して、低投入酪農経営では主体的な判断によって規模は小さく、推奨技術にも沿っていない場合が多い。このような違いがある中、乳牛の生産寿命、繁殖成績や健康状態は、低投入酪農

経営の牛群の方が、慣行酪農経営よりも良好だった。

　第二点として、労働時間の面では、上記の規模の違い、従事者数や放牧の有無などから、日常の牛舎作業に費やす年間の一人当たり労働時間は、低投入酪農経営は慣行酪農経営の2分の1以下となっている。季節的に生じる圃場管理や施肥等の屋外作業の時間も同様である。

　第三点として、経済的な側面としては、慣行酪農経営が高収入－高経費であるのに対して、低投入酪農経営は低収入－低経費であり、その差である所得の差はほとんどない。また、経費の大小は外部依存の程度の大小と同義であるため、慣行酪農経営は外的要因の影響を受けやすい経営構造であるのに対して、低投入酪農経営は影響を受けにくい。

　第四点として、このような今回の調査結果から次のことが言える。まず、慣行的な手法や推奨技術への認識についての再検討の必要性である。それらによらない方法でも、乳牛や経営が健全に維持、継続されていることが示された。慣行的な手法、推奨技術の限界やそれらを導入する以前の段階での熟慮や、主体的な判断がより重要と考えられる。

　次いで、生産性や経済性と同様に重要な、生活についての観点の重要性である。端的には年間の労働時間の大きな差であり、経営が外的要因に左右される可能性であり、さらには環境や生態系への負荷などの面からも、低投入酪農経営は慣行的酪農経営よりも優れていると考えられる。

【付記】

　本章の慣行経営と低投入経営との比較分析をするための調査に際しては、調査農家から特段のご協力を賜った。とりわけ、調査対象農家のうち強く影響を受けた低投入酪農家の氏名を、ご本人の了解を得たうえで明らかにし、深甚の謝意を表したい。

　E牧場の経営主は、マイペース酪農交流会の事務局を担当している森高哲夫氏であり、F牧場の経営主は、すでに述べたようにマイペース酪農の提唱者である三友盛行氏である。G牧場の経営主は、せたな町（旧北檜山町）で

放牧酪農を実践している友善不二雄氏である。彼は、2016年に病のため逝去されている。そのためこの牧場は、友善氏の志を継承する新規参入者に譲渡されている。

また、慣行経営4戸の方々にも、プライベートな情報提供はじめ、絶大なご協力を頂き深謝申し上げたい。

さらに、在職中の作業である本調査の利用を快く了解して頂いた、雪印種苗株式会社にも深謝申し上げる。

注
1) 日本ホルスタイン登録協会「ホルスタイン種雌牛・月齢別標準発育値」(http://hcaj.lin.gr.jp/04/4-5.htm ［2017年12月28日参照］) による。
2) 北海道酪農検定検査協会「検定成績表（牛群平均）　平成27年3月分　全道」(http://www.hmrt.or.jp/pdf/syukei/s2014.4-2015.3.pdf ［2017年12月28日参照］) による。
3) (株) サージミヤワキ訳「ニュージーランド牛群におけるバルク乳の尿素窒素と繁殖能力との関係」(http://www.nz-semen.jp/faq/faq.html ［2017年12月28日参照］) による。
4) 家畜改良事業団「乳牛ベストパフォーマンス実現セミナー　研究講演1」2016年を参照。
5) 厚生労働省「毎月勤労統計調査　平成26年分結果確報」(http://www.mhw.go.jp/toukei/itiran/roudou/monthly/26/26r/26r.html ［2017年12月28日　参照］) による。

終章

農業の基本的担い手像と小規模農業の存在意義

第1節 改めて問う農業の基本的担い手とは

1．家族経営の二側面

　第1章で検討したように、これまでの農業経営研究の主流は小農の企業化を目指す生産構造論的農業経営学である。この理論は、現実に農業を担う生業的家族経営を遅れた農業生産構造として否定し、近代的な企業的経営あるいは企業経営に近づけるための構造改革に資する理論として、日本農業経営学会の主流となったのである。そして、私も農業経営研究者として、この理論を継承してきたが、実際に農業や農村が衰退していく有様を見て、自分は一体誰のために農業経営を研究しているのであろうかと、この理論に違和感を抱いたのである。

　そこで、農業経営の原理論に遡って、その拠って立つところの担い手の性格をまず究明する目的で第1章を設けた。その結果、農業の担い手はあくまでも中小規模経営の生業的家族経営であり、企業経営ではないという確信を得た。その経緯を簡潔に要約すると次の通りである。

　農業は生命生産であるが故、自然環境の制約を強く受ける。そして生産と生活が一体化した生業的家族経営である農家は、生活の場である共同体の制約をも受け、生産者としての利益追求目的だけの行動は制限される。

　このような生活者としての生き方を鮮明に主張し、農業経営を組み立てている生業的家族経営の経営行動については、これまで日本の農業経営学界は

無視してきたのである。

　私は、生産と生活が一体化した生業的家族経営は、市場経済だけでなく、協同経済や自給経済にも対応していることから、これまでの農業経済学の一分科学としての農業経営学とは異なり、担い手に対して経済人仮説や企業仮説はとるべきではないと考え、生産構造論的農業経営学に代わる新しい農業経営論が必要であると考えた。

　これまでの農業経営学理論には、すでに述べたように二つの流れがあり、一つは、市場経済を前提にした近代化論の展開であり、自然に十分配慮をしなかったマルクス経済学と市場経済を前提にしている新古典派経済学を踏まえた農業経営学も、この流れに含まれる。

　二つは、経済学に従属しないチャーヤノフが展開した主体均衡理論である。新古典派経済学やマルクス経済学が、農業経営の効率を工業経営のそれに近づけようとして構築した農業経営学を、農業近代化路線と結びつけて援用し、農業生産の効率化を目指している農政の意図は、グローバル化の流れの中で皮肉にも農村の衰退を伴う農業の縮小として機能しつつある。

　なぜなら規模の経済を目指した規模拡大は、生産面において気象などの自然を制御できず規模の経済性を実現できないばかりでなく、規模の不経済すら引き起こしているからである。企業家が、農業を市場経済に対応させるため、自然環境に対して市場経済のルールに従えようとしても、自然は決して従うものではない。農業を自然と対抗して科学的にコントロールしようとすることは困難だからである。加工型畜産や施設園芸も、輸入穀物飼料や石油資源など外部からの供給が制限されれば、コントロールできなくなる。生産資材を市場に極端に依存するシステムは、いかにリスキーであるかは、何度かのオイルショックや気象災害による豊凶変動によって日本政府は経験しているはずなのだが、その教訓に学ぼうとする姿勢がない。酪農政策においてはひたすらアメリカ政府の穀物飼料販売政策に追随するのみである。

　私は、このような生産構造論的農業経営学にバックアップされた農政に従って、企業的に対応しようとしている家族経営が広範に存在する一方で、農

政に疑問を感じ、自ら主体的に考え行動している家族経営が存在していることを発見した。

すなわち、わが国には企業的に行動しようとする家族経営と、農業経営を生業として自覚し、生活を重視した行動をとる家族経営が存在しているのである。

企業的行動をとろうとしている家族経営（企業的家族経営）は、経営と家計が峻別されていないという意味で、本来的には生業的家族経営に属するが、これらが慣行農業経営の大半を占めている。後者の生業的家族経営であることを自覚して、「マイペース酪農」を実践しているのが、第2章で紹介した三友盛行氏である。このように家族経営には、企業的側面を持つ農業経営と、生業的側面を持つ農業経営が存在しているのである。

そこで、私は三友氏が実践している「マイペース酪農」と慣行酪農との比較分析を通じて、「マイペース酪農の有利性」を明らかにし、慣行酪農経営が抱える経営危機突破の理論として、「ジャスト・プロポーションとしてのマイペース酪農」を試論として提案する。

2．農業経営目的の二元的把握

まず、家族経営の経営目的に関しては、ある意味では二元論的把握が可能である。

一つは自然に寄り添うということ、つまり自然環境を守ることであり、もう一つは市場経済に対応する経済性の追求ということになる。そして、自然に順応するという理念を基軸に据え、その制約を踏まえて経済性を考慮することが、農業経営目的であると考えるのが本来の姿であろう。自然に寄り添うということは、人間が自然の一員として、生物多様性の自然環境を保全するということも意味する。このことは人間は決してエコノミックアニマルではないことを意味する。

人間は、自然への順応や自然環境の保全を第一義に考え、その制約のもとで、人間が生活する地域社会の一員として、あるいは家族としての暮らしを

考え、それを実現するための手段として市場経済との関係を考慮するということになる。

しかし、市場経済に対応する経済性の追求を優先すると、どうしても短期的な収益追求に陥りがちになり、市場のリスクを忘れて自給経済を等閑視するようになる。その結果、市場の失敗によって、企業経営はもとより、企業的行動をとる家族経営の維持すら困難になる可能性がある。

だからといって、家族経営が自然環境や地域社会の保全を優先する生態的農業経営論では、市場経済に対応できないのではないかという疑問が生ずるであろう。そのような疑問を解消させたのが、第2章、第3章そして第4章で展開してきたマイペース酪農の実践事例である。この農法は、土－草－牛の生命循環による自然エネルギーの効率的利用によって、化石エネルギーを大幅に節約し、結果として経営費が下がり、環境にも負荷を与えず、経済的に家族経営を成立させることが可能になっている。したがって、マイペース酪農は自然循環農法に限りなく近いが、近代技術の一部を積極的に取り入れるという点で、厳密にいえば福岡正信氏の「自然農法」と異なることに注意されたい。

マイペース酪農では人間も風土の一員として、すなわち自然循環の輪の中で生きる生物として認識されている。人間も自然の一員であるから、その行動目的は意義ある生活をすることにあると考えられ、いかに装備が近代化され規模が大きくても、農業の担い手は生業である家族経営以外にないということである。

しかし、人間は市場経済の下で「営利」を追求する企業を創設したため、今や農業の担い手は家族経営だけではなく企業経営も存在するようになった。しかも、家族経営の中でもその経営行動が「利益」の追求を第一義とする大規模な家族経営も増加している。このことはすでに指摘したように、自然の循環を破壊する資源の外部依存度、いわば市場依存度の拡大によって、市場の失敗による経営リスクを益々増大させているばかりでなく、農村の衰退、さらには地域社会の衰退を招いているのである。

終章　農業の基本的担い手像と小規模農業の存在意義

　そこで農の原点に立ち戻り、自然環境に寄り添って農村生活を充実させるため、農家が主体的に農業経営のあり方を主張するマイペース酪農が誕生したのである。マイペース酪農の展開過程で見てきたように、家族経営それ自体が生業的農業経営と自覚し、経営理念として利益よりも自然の循環を重視している。自然の循環は、自給経営資源の循環を意味するので、経営外部からの投入資源、つまり配合飼料、化成肥料、農薬の使用は少なくなり、機械・施設も家族労働力でほぼ管理できる装備に限定されており、外部調達資材の投入量は軽減される。したがって、マイペース酪農は、第４章で規定したように低投入型農業経営とも定義できる。

　ただし、三友農場では、酪農の近代的装備である、スタンチョン、バーンクリーナー、パイプライン、バルククーラーは必要であり、機械もトラクタ５〜６台、モーア、テッター、レーキ、ロールベーラー、ラッピングマシン、トレーラー、バキューム、マニュアスプレッターも必要とする。さらに、モーア、テッター、レーキ、ロールベーラーは作業適期の故障に備えて２台装備する。自然の循環に寄り添う機械・施設の装備は相当程度必要なのである。

　慣行酪農は家族経営ではあるが、利益追及を第一義とするあまり、政策誘導に応じて大規模化・高泌乳化路線を追求している。生命活動から生まれた農産物を、自然に逆らって増産させるため、農業の季節制約を緩和する方向に進まざるを得なくなった。このため、自然の循環を逸脱した外部資源の投入増加を余儀なくされ、家畜にストレスを付加する加工型畜産の方向を辿ることになる。加工型畜産の展開は密集飼養により様々な家畜疾病リスクの蔓延をもたらしており、リスク防止にも薬品などの多額の費用が要求されている。

　同時に、家族経営の労働力規模を超える多頭化を進めるため、機械・施設の重装備化を余儀なくさせ、さらには雇用労働も必要となる。

　したがって、慣行酪農は多頭化に伴って外部資源の投入が多くなるので、高投入型農業経営になっている。その結果、慣行酪農はビジネスサイズ（総販売額規模）は一見大きくはなるものの、外部資材投入のための費用が増大

し、実質的な収益となる農業所得は、それほど増加せず、経営効率を示す所得率はむしろ低下傾向にある。本書では、慣行酪農の危機突破方策として「マイペース酪農」を位置づけしたのである。

3．マイペース酪農における生活問題

マイペース酪農は、生産と生活が一体化した生業的農業経営であることはすでに述べた。

このことは、生活問題も経営問題としてとらえる必要があることを意味する。具体的には経営費と家計費、生産時間と生活時間との調整問題として顕在化する。したがって、経営費は夫、家計費は妻、あるいは経営労働は夫、生活時間は妻という分担ではうまく調整できないのである。生産と生活を一体的に調整するためには、夫婦のパートナーシップが必要である。マイペース酪農は、夫婦が平等のパートナーシップを形成しているため、その調整がうまくいっているのである。

パートナーシップにおいても、リーダーシップのあり方においては、夫唱婦随あるいは婦唱夫随であっても良いのである。要は、互いによく話し合い、納得して理解し合うことが必要なのである。

後継者確保も重要な問題である。戦後、民法の改正により均分相続になっているほか、職業選択の自由を教育されている子弟にとって、長男だから直ちに後継者になるという心構えは備わっているとはいい難く、長男がいるから後継者は大丈夫という予定調和は、もはや存在しない。

後継者問題は、慣行酪農でも深刻な問題なので、行政の出番なのかもしれない。第3章でも述べたように、自分たちの子弟を、ドイツの農業マイスター制度のように、優れた農家の下で修業させることも、一つの方法ではないだろうか。マイペース酪農においては、酪農適塾のような機能があるので、それをより充実する方向が考えられる。

終章　農業の基本的担い手像と小規模農業の存在意義

第2節　農業経営のジャスト・プロポーション

1．マイペース酪農のジャスト・プロポーション

　農業の担い手の性格やその行動を研究する学問は経済学の領域であるが、担い手である家族経営の経営改善を如何にすべきかについては農業経営論の範疇に属しよう。家族経営はすでに述べたように、農業生産の意思決定の場において、「資本主義対応目的」と「非資本主義目的である生態的対応目的」とのせめぎ合いの場でもあるので、どちらを優先するかによって、経営改善のあり方は著しく異なってくる。

　これまでの農業経営改善策として打ち出されてきたアーサー・ヤングのジャスト・プロポーションは、農業経営の担い手を企業経営と想定した経済的合理性を追求するための経営要素の適正比例と捉えられており、最終的に最適規模や最適集約度を明らかにするものであった。

　しかし、生産と生活が一体化した生業的家族経営では、経済的合理性よりも生活を重視した生態的合理性の追求を優先した適正比例が必要となる。マイペース酪農の実践は、まさにこのことに尽きる。その本質は、すでに繰り返し述べたように土－草－牛の循環であり、それを達成するためには放牧酪農を前提として、草地1haに対し成牛換算頭数1頭という比例関係が、ジャスト・プロポーション、すなわち適正比例ということになる。横井時敬氏が言うところの「合関率」と同じである。

　したがって、生態的農業経営のジャスト・プロポーションは、抽象的な土地・労働・資本の経済合理的な結合関係を問うのではなく、まずは土地と牧草と乳牛の相互依存的関係を前提としながら、これらが共に命あるものとして健全に協働していくための物的結合関係を問うているのである。土に問題があれば、その影響は草に反映され、最終的に牛に反映される。経営資源の中では、土地が最も基本的な資源なのである。三友氏はそのための具体的適正比例指標として草地1haに対して成牛換算頭数1頭という比率を経験か

ら導き出したのである。

　慣行酪農からマイペース酪農に転換する農家は、草地1 haに対し成牛換算頭数1頭を適正比例の目安として、草地面積に対して多い頭数は適正比例になるまで減らすことになる。

　酪農家も、目先の営利追及的農業経営行動から生態系に配慮した経営行動を遂行できるようになるには、それなりに時間がかかる。すなわち、草地は豊かな土壌微生物層の充実、牛は粗飼料の季節的な変動に耐える放牧に適した小型の体型である。そして人間の場合は、浮利を追わない「足ることを知る」生活者として、いわば人間としての生き方を探求する心境に到達する必要があり、これまた時間がかかるのである。

　草地1 haにつき成牛換算頭数1頭という適正比例については、古老や三友盛行氏の経験で決定したといっても、にわかに納得しがたい面があるかもしれない。この問題にチャレンジしたのが、マイペース酪農を高く評価している佐々木章晴氏である。彼は、三友農場を対象に、土壌肥料研究者として三友農場における草地全体の窒素密度について調査した。草地土壌中の窒素は、「入ってくる窒素（配合飼料＋化学肥料）」から「出ていく窒素」を差し引いた「余剰窒素」が多いか少ないかによって、「投入窒素」が効率的に利用されているかが明らかになる。余剰窒素密度が高いほど、「かけたコスト（配合飼料＋化学肥料）」が高くなり、収益性を低下させる。

　次に検討したのが、餌である。乳牛は大雑把にみて泌乳期には1日乾物で20 kg程度の餌を必要とする。泌乳期を年間で300日程度、乾乳期を同60日程度とすると、年間に必要な餌は牛1頭当たり6,600 kg程度である。一方、三友農場の草地の収量は乾物で1 ha当たり5,500 kg程度である。単純に考えると1,100 kg程度餌が足りない。これをビートパルプや配合飼料を1日当たり乾物で4 kg程度給与すれば、大体餌もトントンになる[1]。

　以上が、佐々木氏の分析であるが、いずれの接近方法にも説得力があると感心させられる。ただし、古老の経験則として考えると、餌説が有力に思われる。古老の時代は、為替相場が1ドル360円の固定相場時代なので、当時

終章　農業の基本的担い手像と小規模農業の存在意義

高価な配合飼料はあまり使わないで、放牧と自給乾草、そして自給家畜根菜（家畜ビート・ルタバカ）を給与していた時代であった。その時の乳量水準は5,000kg前後だったと推測される。

　佐々木氏が計算の前提にしている乳量水準は明示していないが、恐らく6,000kg前後であろう。しかし、三友農場が酪農適塾になってからは、化学肥料は縮小から廃止、配合飼料を牛1頭当たり300kg程度に減少させていることから見ると、窒素密度説と餌説がバランスよく組み合わさっているように見える。

　結局、草地の牧草を牛が採食し、牛乳を生産して、その牛の糞を草地に還元することで、土－草－牛の循環が本来的な姿で成り立っていたのが古老時代の酪農だったのであろう。

　最近では、配合飼料の多給化により、草地土壌における過剰窒素は配合飼料価格換算でいえば高い窒素費用となるほか、余剰窒素は草地が利用しきれない硝酸態化した窒素となり、地下水を汚染する。その結果、河川をも汚染し、サケやマスの生態系環境を著しく悪化させる。ましてや硝酸態窒素を過剰に含む牧草は牛が嫌うのである。牛の舌には、2万5,000個もの味蕾[2]があり、人間の5,000ないし7,000個よりもはるかに多い。これは牛がさまざまな植物から毒となるものと栄養になるものとを峻別する必要があるからである。

2．酪農経営以外のジャスト・プロポーション

　マイペース酪農では、土－草－牛そして人間の循環を通じて、小規模経営でも生態的合理性を追求すると、最終的に経済的合理性も実現できる適正規模を明らかにしてきたが、他の経営形態でも同じことが言えるだろうか。

　しかし、酪農以外の経営については、適正規模論を正式に論じた文献が見当たらないので、私がこれまで体験したケーススタディに基づき、推測の域を出ていないが、適正規模を試論の形で提示したい。

　畑作経営については、家畜が抜け落ち、土と作物との循環関係になるので、

地力維持のための内部循環は断たれる。また、大規模化すればするほど、作業機の大型化に伴う作付の単純化が進行せざるを得なくなり、家族労働力保有の制約から、機械で管理・収穫しやすい作物に特化してくる。特に北海道畑作の場合は、てん菜、馬鈴しょ、小麦、豆類の4作物を中心とした輪作体系を構築することになるが、耕地面積を拡大すると最も省力化が進んだ完全機械収穫作物である小麦作が異常に増加し、輪作が乱れて連作障害を引き起こすことになる。

　北海道の畑作に即していえば、気象条件（農耕期間の積算温度）と家族労働力の規模や年齢構成による労働制約によって、せいぜい30～50haが適正規模の範囲であろう。同時に、堆肥確保の必要性から、専業畜産経営との連携が必要になる。十勝地域では肉牛専門経営と、網走地域では根釧酪農地帯の慣行酪農経営との連携がそれに該当する。

　北海道の十勝畑作地帯においては100ha規模を超える家族経営の畑作経営も存在するが、適正な輪作体系がとられている様子はみられない。現実には、小麦やでん原用馬鈴しょの過作の偏作的な体系になって、到底適正規模とは認め難い状況にある。連作や過作に伴う病虫害や雑草に対処するための殺虫剤・殺菌剤はもとよりラウンド・アップのような皆殺し除草剤や、遺伝子組み換え作物の導入が必然化し、自然環境にますます負荷を与えることになっている。

　このように家族労働力が制限されている中で環境にやさしい畑作農業を実現するためには、規則正しい輪作を導入するとともに、腐植の元になる粗大有機物の投入が必要になる。今や無畜化した畑作経営の地力維持システムとして、外部からの堆肥を購入または麦稈との交換で導入、農地を交換して利用する交換耕作、さらには有機物供給と農繁期調整のための休閑緑肥作の導入が必要となる。

　畑作の実証的モデルを提示すると、十勝地域芽室町の吉本博之氏が営む30ha規模畑作経営では、規則正しい輪作と緑肥休閑を組み合わせ、収量水準とその品質の高さ及び安定性において、地域の慣行的大規模経営と比較し

終章　農業の基本的担い手像と小規模農業の存在意義

てもより高い経営成果を達成している。さらに、冷害年における被害の差は歴然としている。まさしく適正比例の適正規模と言えよう[3]。

　稲作経営の適正規模は、水稲の連作が可能であるため、農繁期の苗移植時期の労働制約が、上限規模を決定する。北海道に即していえば、機械化の発展段階を踏まえ、田植え機1台の限界規模が20ha（ただし成苗ポット苗）程度であるが、転作が義務付けられているので、適正規模は30ha程度（水稲20ha前後、残り小麦等の転作作物）とみられる。府県では農繁期の移植適期が北海道よりも長いので、技術的に見た限界規模は大きくなることが想定される。しかし、早生種、中生種、晩生種の組み合わせや良食味米という品種とともに、二毛作や地域社会（共同体）からの歴史的な要素（ムラの境界を越えた請負耕作や借地）によって、適正規模は制約される。

　この外に、野菜や花きなどの専門化した経営も存在するが、いずれも作物の生育環境をコントロールするために、殺菌剤・殺虫剤はもとより石油エネルギー多投型の農業経営になっている。したがって、その適正規模は経済的に決定され、生態的合理性は考慮されていない。

　このように畑作、稲作、野菜作などの土地利用型農業においては、慣行酪農以上に、土と作物との循環が分断され、地力維持に大きな問題を抱えているといえよう。

第3節　世界的にみた小規模家族経営の評価

　これまで小規模家族経営の有利性を、酪農経営を対象に述べてきたが、このことは世界的に見てどのように評価されているのかみてみよう。

　国連世界食料保障委員会専門家ハイレベル・パネルによる報告書[4]に基づいて、小規模家族経営が世界的に見直されている状況を紹介しておきたい。

　まず、この報告書でいう小規模農業とは何かについては、「小規模農業とは、家族（単一または複数の世帯）によって営まれており、家族労働力のみ、または家族労働力を主に用いて、所得（現物または現金）の割合は変化するも

のの、大部分をその労働から稼ぎ出している農業のことである。ここでいう農業には、耕種、畜産、林業、および養殖業が含まれる。小規模農業は家族によって営まれているが、その多くは女性を世帯主としており、生産、加工、販売の諸活動において女性は重要な役割を果たしている。」5)

したがって、小規模農業とは、おおむね家族経営を意味していると見てよい。

この小規模農業の将来に対する評価は、世界的に見て二つの見方に分かれている。この議論は複雑であるため今日に至るまで結論が出ていないが、以下の二つの相反する見方に代表される。

一方の説は、小規模経営は決して「競争力のある」存在になりえないというものである。小規模経営は最も貧しい部類の人々であり、主要な政策は、社会的セーフネットの提供や、彼らの子弟が移住して農外で就業できるような教育を中心に据えるべきであるというものである。この説では、貧しくて世間並みの将来を求めて葛藤している小規模経営はやがて消滅し、グローバル市場との関りをもち、農地をますます集中させて農業関連産業と強く結びついた近代的大規模農業経営へと次第に置き換えられていくと想定している。

この見方によると、ヨーロッパが産業革命期に経験したように、現在の小規模経営のうちごく一部だけが「企業家」として農業に留まるものの、その他の大多数は離農・離村しなければならないだろう。残った「企業家」たちは、投入財や資本への依存度を高め、労働力の代替を進める生産モデルをさらに発展させるということになるだろうという説である。

他方の説は、「小規模経営は農地にとどまりながら、自らを変革していく存在になるというものである。小規模経営は生産的・効率的であり、弾力性のある『近代的農民』になるだろう。小規模経営は多様化した生産システムを通じて、都市に向けて健康的な食料を供給したり、自然資源の管理人になったり、大規模な商業的農業経営よりも、化石エネルギーや農薬・化学肥料への依存度を低く抑えたり、生物多様性を保護したりする。必要に応じて農外所得に依存することもあるが、都市スラムにおける低水準の仕事や生活は

終章　農業の基本的担い手像と小規模農業の存在意義

避け、移住に伴う苦難を拒む。つまり、彼らには農業にとどまり、農村に住み続ける十分な動機があるのである。小規模経営は、労働・知識集約型農業モデルの基盤を形成している。こうした経営は、活力ある濃密な農村経済において、特に地場・地方市場向けに高品質の農産物を生産・加工したり、そこでは経営の規模拡大は不可避というわけではない。」[6]

　国連世界食糧保障委員会は、後者の説を支持している。この説は、マイペース酪農運動に代表される低投入持続型農業経営の理念とほぼ一致し、国連世界食料保障委員会は、このような農業のあり方を「農業生態学的環境保全型農業」と名付けている。

　さらに、報告書では、「農業生態学的環境保全型農業」の内容について、次のように説明している

　「農家やCSO（Civil Society Organization）、および一部の国際社会の間には、FAOの『保護と成長』で定義され奨励されるように、農業生態学あるいは生態面での強化のような、より持続可能な農業生産モデルの開発を一層進めてほしいという希求が相当程度存在している。このような持続可能なモデルは、次のように定義されよう。すなわち、自然資源および生態系サービスの管理と利用を最適化することを指向した手法ないしはシステムであり、外部の投入財の利用を減じることで小規模経営にうまく適合するモデル、というものである。」[7]

　しかし、残念ながら本報告書では、投資の促進という視点で小規模経営に接近しているため、私が第2章から第3章にかけて実施した近代的大規模経営と小規模経営との次元をそろえた経営比較は実施していない。したがって小規模経営の優位性は強調するものの、その技術的合理性や経済的合理性は明らかにされていない。その結果、小規模経営の有利性は、飢餓・貧困への対応、ノンGM作物の採用、化成肥料や農薬の過剰な投入が避けられるという省エネで環境にやさしいところを強調するのみになっている。

　2018年4月3日付日本農業新聞の第二面で、特別編集委員の山田優氏が、先月アメリカ農務省がまとめた「米農務省の報告」を題材にして、コラムを

執筆している。その内容の一部を抜粋すると、次の通りである。
　「『面白くなさそう』というのが第一印象だが、『冒頭』の章を斜め読みして気が変わった。本文は次の文章で始まる。
　『米国のこれまでの歴史と同じように、米国農業は（現在も）家族が所有し運営する経営体が支配的だ』。
　米国農業というと、巨大な農場を企業が所有していると考えるかもしれない。だが、実際には全米206万の農業経営体数の中で、99％が家族農家だ。農業生産額でも89％がやはり家族農家が稼ぎだす。
　家族農家と言っても、法人化していたり、昔ながらの家業であったりと、様々な形態がある。この報告書が採用した定義は、次のようなものだ。
　『経営主、血縁者、養子、配偶者が、経営資源の半分を握っていること』。家族が日々の農業経営を把握し、決断することを条件としている。血縁で強く結ばれる家族を重視した定義だ。
　別表を除けば51頁の報告書の中で『家族農業』という単語が24カ所に登場する。結論も明快。作業の季節性、圃場の特徴に合わせた知識、突然の気象災害への対応を考慮すれば、『米国農業が家族によって営まれることが有利であり続ける』と結ぶ。合理性を追求する米国でも、家族農業こそが望ましい姿だと報告書は言い切っているのだ。
　さて、日本。361頁ある最新の『平成28年度食料・農業・農村白書』を取り出して眺めてみると、『家族農業』という言葉は出てこない。『家族』は18カ所に出てくるが、『家族経営を法人化して社員確保が容易になった事例』の紹介など、家族に重きを置いていない表現が目立つ。
　一方で『農地を所有できる法人に農業関係者以外の構成員を入りやすくする』『企業の農地取得を可能にする戦略特区の実現』などと白書は強調。『家族』の色彩をできるだけ取り除くことが農業の進歩と日本政府は考えているようだ。
　国連は来年から2028年までを『家族農業の10年』と決めた。持続可能な地球環境や社会にとって、家族と農業の結びつきが大切。家族農業が基礎だと

いうグローバルなスタンダードから、日本は明らかに外れているように見える。」

　山田優氏の指摘は、まことに明快で妥当であり、日本政府が日本国民を飢餓から守ろうという姿勢を欠如していることを露わにしている。

第4節　生態的農業経営論の今日的意義

　これまで私は、日本農業経営学会で主流の学説をなしてきた生産構造論的農業経営学を批判する形で、生態的農業経営論を提示してきた。

　しかし、このことは生産構造論的農業経営学がこれまで農業生産力の発展に果たしてきた役割を全面否定するものではない。

　藤原辰史氏はいみじくも、「いま、世界の人口は73億人を超えています。今世紀の後半には、100億人を超えるだろうと考えられています。50年前は30億人だったことを思うと、いかにハイスピードで増えているかがわかります。それは農業が大量の食べ物を定期的に供給できるようになったからだと、ひとまず言うことができるでしょう。」[8)]と述べている。つまり、大量の農産物を効率的に生産できるようになったこと、すなわち、農業生産力の発展があったことが示唆されているのである。

　農業生産力の発展を支えたのが、機械化であり化学化（化学肥料・農薬）である。そして、そのような生産力の発展を推進した思想が唯物史観の経済学である。

　しかし、生産力が発展し続けるということは、地球上に無限のフロンティアがある時代ならそれも許されようが、生産力が発展しすぎて地球の生態環境に著しく負荷を与え続けるとなると、話は別である。唯物史観に導かれた経済発展の帰結として、増大する一方の人口増は短期的な食料増産のため益々自然環境を破壊しつつある。まるで人間が地球のガン細胞のように増殖し、遂には地球を喰いつくす勢いにあると考えることは、思い過ごしと言えるだろうか。

少々、大げさな表現になるが、人類は人類滅亡の分岐点に立たされていると言っても過言ではないであろう。
　いまこそ、生態史観に立脚し、人類の存続について考える時期を迎えている。その時の道しるべとして、農業経営に即していえば、生態的農業経営論がその役割を果たすことができるのである。

注
1）佐々木章晴『草地と語る』寿郎社、2017年を参照。
2）岩堀修明著『図解・感覚器の進化』講談社ブルーバックス、2017年を参照。
3）『新北海道農業発達史』北海道地域農業研究所、2013年、pp.167～171を参照。
4）国連世界食料保障委員会専門家ハイレベル・パネル著、家族農業研究会／農林中金総合研究所共訳『家族農業が世界の未来を拓く』農文協、2014年を参照。
5）前掲書、p.21。
6）前掲書、pp.36～38。
7）前掲書、p.8、pp.118～119。
8）藤原辰史『戦争と農業』インターナショナル新書、2017年、p.14。

おわりに

　半世紀近い私の農業経営研究の締め括りとして、かねてから違和感があった日本農業経営学会や農政の主流派理論である生産構造論的農業経営学を体系的に批判し、新しい農業経営論として生態的農業経営論を提起した本書を世に問うことができたことは、望外の喜びである。その意味で本書のタイトルを新しい農業経営の基本原理である「ジャスト・プロポーション」（適正比例）と名付けた。

　本書執筆の直接的な契機は、北海道の根釧酪農地帯で酪農を営んでいた三友盛行・由美子夫妻と1991年に出会い、彼らが実践しているマイペース酪農を知ったことにある。

　三友夫妻にお目にかかって、日ごろから腑に落ちなかったこれまでの生産構造論的農業経営学の問題点が鮮明になり、その反省に基づいて農政のための農業経営学ではなく、農家のための生業（なりわい）的農業経営論を執筆したいと決意した。

　しかし、思うことと実際に実行することの間には大きな障壁が存在した。一つは私自身の問題であり、これまで私が信じてきた農業近代化論をベースにした企業的農業経営論からの脱却は、新しく取り組んだ生業的農業経営論、いわば生態的農業経営論とも言うべき農業経営論とは正反対の論理であったため、自分が納得するまで時間がかかった。私の力量不足が災いし、かくも長い間放置してしまったのである。

　二つは、私を取り巻く環境条件であり、農政サイドはもとより、試験研究機関や普及機関、さらには私が属していた日本農業経済学会や日本農業経営学会からの反論が多く、この反論に対応しようとしたため、時間がかかりすぎたことである。

　それでも、三友夫妻には絶大なご協力を賜り、何とか纏めることができた。したがって、当初本書のタイトルには、「マイペース酪農はジャスト・プロ

ポーション」を考えたが、マイペース酪農こそが生業的家族経営の「ジャスト・プロポーション」を意味するので、同義反復になるほか、「マイペース酪農」を農業の基本原理ではなく一種の営農類型と錯覚する人がでてくる可能性があるため、あえて「ジャスト・プロポーション」に単純化した。

　また、本書は私、長尾正克が執筆者となっているが、第4章は藤本秀明氏が執筆している。私の論理展開に一部欠けている慣行酪農とマイペース酪農の技術的、経済的特質の違いを明らかにするため、藤本氏に執筆をお願いしたのである。彼の参加なくして本書の充実と完成はなかったであろう。その意味で本書は、厳密に言えば藤本氏との共著になるが、本書の全体の流れは「ジャスト・プロポーション」に集約されるので、それをアピールするためにあえて私の執筆とさせていただいた。また、藤本氏には、道東、道北、道南の酪農地帯でのマイペース酪農交流会へ出席の折には、高齢で運転がおぼつかない私のために、車で案内していただいたほか、貴重なデータまでいただいた。

　さらに、坂下明彦北海道大学教授には、本書の章構成から理論に至るまで、広範なご意見とご指導を賜った。さらに、元農林水産省農業研究センター経営管理部長中澤功氏、岩崎徹札幌大学名誉教授、そして正木卓弘前大学助教にはご校閲を賜り、有益なコメントをいただいた。以上の皆様方に対し、衷心から御礼申し上げたい。

索　引

BCS（ボディコンディション・スコア）
　……129, 130, 141
MUN（乳中尿素態窒素）……135,
　137, 138, 139
TMR……10, 11, 12, 64, 70, 110, 111,
　112, 121, 125, 131, 132, 133, 136
TMR センター……12, 13, 83, 86, 109,
　111, 121, 125

あ
アーサー・ヤング……52, 53, 155
アグロノミスト……32
アメリカ飼料穀物協会日本代表部……
　119

い
磯辺秀俊……23
一般法則……40
稲本志良……52
岩崎徹……48

え
永年草地化……126
営農試験地……17
栄養度指数……128, 129, 130
エートス（Ethos）……25, 26, 44, 45,
　46, 47
江島一浩……27
エドワード・コップルストン……50

お
大内力……37, 40, 41
岡田直樹……12
男のロマンは女の不満……101

か
開拓パイロット事業……58
カウツキー……39
化学化……41, 43, 50, 163
加工型畜産……2, 12, 25, 150, 153
加工用原料乳……4, 13
柏久……21, 22
春日基……115
家族農業……162
家族農業の 10 年……162
家族労作経営……26, 28, 29, 33, 34, 36,
　49
金沢夏樹……21, 23, 25, 26, 46
株式会社酪農適塾……70, 80, 88
ガルブレイス……51
かわいい子には旅をさせよ……113
川口由一……89
慣行酪農……4, 70, 71, 82, 83, 84, 101,
　105, 108, 113, 114, 115, 116, 119,
　120, 123, 124, 126, 127, 128, 129,
　130, 131, 135, 137, 138, 139, 140,
　142, 143, 144, 146, 147, 151, 153,
　154, 156, 158, 159, 166

167

完熟堆肥……63, 64, 65, 72, 76, 77, 84, 85, 96, 103

き

企業仮説……21, 48, 150
企業的家族経営……25, 34, 151
企業的経営……iii, 26, 33, 34, 37, 47, 149
キュルンベルガー……45
共産党宣言……38
共同化……42
ギルド・デ・フロマージュ……75
筋肉労働……30, 31, 49

く

クミカン所得……66
クミカン所得率……66
クミカン農業経営費……66, 69

け

経営近代化路線……20
経営試験農場……18
経験曲線……60
携行資金……59
経済人……19, 91
ケトーシス……102
ゲヒルフェン（Gehilfen 農業士補）……113, 114
限界飼養頭数規模……61

こ

合関率（Low of Combination）……53, 54, 155
広義の経済学……50

公社リース事業……88
ゴールなき規模拡大……2, 20, 93
国連世界食料保障委員会専門家ハイレベル・パネル……159
コルホーズ……41
根釧（開拓）パイロット・ファーム……58
近藤康男……31

さ

阪本楠彦……41, 43, 44
佐々木章晴……76, 156
三位一体的性格……19

し

自給飼料……99, 124, 125, 126, 127, 128, 135
自然農法……83, 89, 90, 152
自足的家族経営……28
資本型家族経営……23, 24, 25, 26, 52
資本家的経営……33, 39, 48
資本経済的家族経営……27, 28
シモー……43
社会主義農業……41
ジャスト・プロポーション……2, 51, 52, 53, 54, 60, 95, 104, 151, 155, 165, 166
習熟……60
修正主義理論……41
集約放牧……106
主体均衡論……27, 32
主体均衡論的農業経営学……21
シュマッハー……50, 51

純収益……17, 19
春別地区開拓パイロット・ファーム
　……58
小規模農業……159, 160
小農……19, 20, 21, 23, 25, 26, 29, 30, 31, 32, 37, 43, 47, 48, 53, 54, 149
小経営優越論……44
小農経営論……20, 21, 23, 27, 29, 32, 33, 47
食料・農業・農村白書……162
飼料自給率……127
新規就農希望者……80, 87, 88, 116
新規就農モデルメニュー……88

す
推奨技術……125, 130, 135, 137, 139, 140, 141, 146, 147
スターリン……41
ストリップ・グレージング……106

せ
生業……23, 30, 33, 37, 46, 47, 49, 52, 57, 82, 95, 97, 151, 152
生業的家族経営……2, 4, 19, 47, 50, 53, 54, 67, 149, 150, 151, 155, 166
生産構造論的農業経営学……3, 4, 21, 22, 37, 44, 50, 90, 149, 150, 163, 165
精神労働……30, 31
生態史観……164
生態的農業経営論……33, 152, 163, 164, 165
関口峯二……17, 26
繊維濃度（ADF/DM）……137

線形計画法……32

そ
粗濃比……136, 137
ソフホーズ……41

た
体細胞……137, 138, 139
タイストール……10, 11, 12, 13, 61, 62, 63, 67, 112
堆積腐植層（ルートマット）……76, 77
高橋昭夫……97
玉野井芳郎……50
足ることを知る……91, 156

ち
チャーヤノフ……24, 27, 28, 32, 33, 37, 150
超経済学……50, 51
土－草－牛の循環……86, 89, 90, 155, 157

て
定置放牧……106
低投入持続型酪農経営……4
低投入酪農……119, 120, 121, 123, 124, 126, 127, 128, 129, 130, 131, 135, 137, 138, 139, 140, 141, 142, 143, 144, 146, 147
定年離農予定者……87
テーヤ……30
テーラー……53

適正経営規模論……53
適正比例……2, 52, 53, 54, 60, 61, 65, 83, 84, 86, 89, 95, 102, 103, 104, 155, 156, 159, 165
暉峻淑子……51

と
ドイツ社会民主党……40
踏圧障害……65
道南酪農交流会……106, 107, 113, 116
東畑精一……22, 23
徳川直人……98
トップドレス……131, 133
友善不二雄……148
トラクターステーション……41

に
日本農業経営学会……149, 163, 165
乳飼比……8, 10, 70, 109, 110, 111, 144
乳脂肪率……69, 136, 137, 138, 139
乳代所得率……66, 69, 70, 71

の
農業経営学……iv, 2, 3, 4, 15, 17, 19, 20, 21, 22, 23, 37, 44, 50, 51, 52, 57, 66, 67, 90, 149, 150, 163, 165
農業経営の目的……17, 19, 26
農業生態学的環境保全型農業……161
農業マイスター制度……113, 114, 154
農業問題……29, 39
農業問題と「マルクス批判家」……39
農場継承を支援する会……87, 88

は
パートナーシップ……61, 101, 154

ひ
非営利経営……32
非資本主義的原理……32, 52, 53

ふ
ファミリーファーム……25, 28, 34
フィールド研修（フィールドワーク）……112, 117
夫婦パートナーシップ……101
プール乳価……6, 7, 8, 13
福岡正信……89, 152
藤原辰史……163
復古主義的家族経営論……25
フリーストール……10, 11, 12, 13, 14, 15, 112, 121, 122, 124, 127, 131
フルシチョフ……41
ブレジュネフ……41
プロテスタンティズム……45

へ
米農務省の報告……161
ヘイレージ……103
別海酪農の未来を考える学習会……93, 99
ベンジャミン・フランクリン……44, 45

ほ
ホエー……76
細切サイレージ……64, 90

北海道放牧ネットワーク交流会……106
北海道酪農検定検査協会「検定成績表」……148
ホルスタイン登録協会標準発育値……128

ま

マイペース酪農……iv, 2, 3, 4, 52, 57, 62, 63, 66, 70, 71, 74, 78, 79, 80, 81, 82, 83, 84, 89, 91, 94, 95, 97, 100, 104, 105, 106, 107, 108, 109, 110, 112, 113, 114, 116, 117, 119, 120, 121, 144, 147, 151, 152, 153, 154, 155, 156, 157, 161, 165, 166
マイペース酪農交流通信……107
まかたする酪農……93
マックス・ウエーバー……25, 26, 44, 45, 46
マルクス……29, 31, 39, 40, 41, 42, 48
マルクス経済学……29, 31, 37, 43, 150

み

三友イズム……79, 96, 99
三友経営理念……89
三友チーズ工房……80
三友盛行……iii, iv, 2, 52, 54, 57, 65, 68, 88, 94, 101, 114, 120, 121, 147, 151, 156, 165
三友由美子……75, 100, 165
未来につながるマイペース酪農―酪農交流会――94, 95

め

メガファーム……14
メタ・エコノミックス→超経済学を参照

も

もっと北の国からの楽農交流会……82, 106, 107, 113, 116
守田志郎……33, 90
森高哲夫……107, 147

や

矢臼別演習地反対闘争……93
山田優……161, 163
ヤミ富農……42

ゆ

ユアペース酪農……3
唯物史観……163

よ

ヨーネ病……14
横井時敬……21, 25, 29, 33, 37, 44, 53, 155
吉本博之……158

ら

酪農交流会……94, 95, 96, 98, 101, 106, 107, 112, 113, 116
酪農適塾……70, 76, 78, 80, 81, 82, 83, 84, 85, 88, 89, 104, 105, 107, 112, 113, 114, 116, 117, 154, 157
酪農の未来を考える学習会……94, 95

ラップサイレージ……64, 65, 83, 85, 90, 96, 103, 132, 134, 135

り
リービッヒ……54
両極分解……38, 39, 40, 48, 49

れ
レーニン……39, 40, 41, 42

ろ
労働型家族経営……23, 24, 25
労働力経済的家族経営……27, 28
労農学習会……93, 95, 96

ろ
ロコモーション・スコアー……130
ロッセル（ロッシャー）……30

わ
私の酪農—今・未来を語ろう酪農交流会—……94

◆執筆者紹介◆

長尾 正克（ながお まさかつ）
　はじめに、序章、第1章、第2章、第3章、終章、おわりに
　1940年　北海道生まれ
　1964年　北海道大学農学部農業経済学科卒、北海道立農業試験場経営部勤務
　1983年　北海道大学より農学博士号取得
　北海道立中央農業試験場経営部長（1991～1998年）
　釧路公立大学経済学部教授（1998～2003年）
　札幌大学経済学部教授（2003～2011年）
　主著に、『農業技術と経営の発展』（農林統計協会、2002年、共著）、『北海道農業の地帯構成と構造変動』（北海道大学出版会、2006年、共著）、『北海道の企業2』（北海道大学出版会、2008年、共著）、『グリーン・ツーリズム　北海道からの発信』（筑波書房、2011年、編著）、『地方は復活する』（日本経済評論社、2011年、共著）など

藤本 秀明（ふじもと ひであき）
　第4章
　1950年　福岡県生まれ
　1974年　岩手大学農学部畜産学科卒、雪印種苗株式会社飼料研究室勤務
　1996年　同社別海飼料工場工場長（1996～2003年）
　2003年　同社営業企画部技術推進室室長（2003～2011年）

ジャスト・プロポーション
新しい農業経営論の構築に向けて

2018年9月13日　第1版第1刷発行

著　者◆長尾　正克
発行人◆鶴見　治彦
発行所◆筑波書房
　　　　東京都新宿区神楽坂2-19 銀鈴会館 〒162-0825
　　　　☎ 03-3267-8599
　　　　郵便振替 00150-3-39715
　　　　http://www.tsukuba-shobo.co.jp

定価はカバーに表示してあります。
印刷・製本＝中央精版印刷株式会社
ISBN978-4-8119-0541-9　C3061
ⓒ Masakatsu Nagao 2018 printed in Japan